U0159124

GAOYA DIANLAN YUNXING YU JIANXIU

高压电缆运行与检修

主　编　陈长金　魏力强

副主编　吴冀鹏　闫佳文　刘　哲

中国电力出版社
CHINA ELECTRIC POWER PRESS

内 容 提 要

本书结合高压电缆专业生产实际及理论需求，对涉及的相关知识进行系统阐述。

本书共分五章，主要内容包括高压电缆基本知识、高压电缆附件基本知识、高压电缆及通道运行维护、高压电缆及通道检修、高压电缆新技术应用等内容。

本书可用于高压电缆专业技术技能人员进行理论知识学习和岗位技能训练，也可用于指导一线作业人员开展实际检修项目。

图书在版编目（CIP）数据

高压电缆运行与检修/陈长金，魏力强主编．—北京：中国电力出版社，2021.8
ISBN 978-7-5198-5397-6

Ⅰ．①高… Ⅱ．①陈… ②魏… Ⅲ．①高压电缆—运行 ②高压电缆—检修 Ⅳ．① TM247

中国版本图书馆 CIP 数据核字（2021）第 033135 号

出版发行：中国电力出版社
地　　址：北京市东城区北京站西街 19 号（邮政编码 100005）
网　　址：http://www.cepp.sgcc.com.cn
责任编辑：孙建英（010-63412369）　董艳荣
责任校对：黄　蓓　常燕昆
装帧设计：赵丽媛
责任印制：吴　迪

印　　刷：三河市万龙印装有限公司
版　　次：2021 年 8 月第一版
印　　次：2021 年 8 月北京第一次印刷
开　　本：787 毫米 ×1092 毫米　16 开本
印　　张：10.5
字　　数：224 千字
印　　数：0001—1500 册
定　　价：48.00 元

版 权 专 有　侵 权 必 究

本书如有印装质量问题，我社营销中心负责退换

本书编委会

主　　任　陈铁雷

委　　员　赵晓波　杨军强　田　青　石玉荣　郭小燕
　　　　　祝晓辉　毕会静

本书编审组

主　　编　陈长金　魏力强

副 主 编　吴冀鹏　闫佳文　刘　哲

编写人员　沈学良　韩卫星　李　宁　马　涛　刘晨晨
　　　　　徐延昌　刘宏宾　郭　康　邢雨辰　李　乾
　　　　　王慧明　李雪松　张　鹏　孙晓林　徐洪福
　　　　　李宏峰　何义良　苏金刚　伊晓宇　郭小燕
　　　　　吴　强　张　岩　蒋春悦　邹　园　张宇琦

主　　审　徐亚兵

前　言

为加快培养一批高素质高压电缆技术技能人才队伍，国网河北省电力有限公司组织一大批优秀技术、技能和培训教学专家，编写了本书。本书包含高压电缆基本知识、附件基本知识、运行维护、检修、新技术等内容。

本书的出版是全面贯彻落实国家人才队伍建设总体战略，充分发挥企业培养高水平人才主体作用的重要举措，是有效开展企业教育培训和人才培养工作的重要基础，有利于全面提升高压电缆专业人才队伍素质，保证电网安全稳定运行，为电缆专业发展起到积极的促进作用。

本书由陈长金、魏力强任主编，负责全书的统稿和各章节的初审。徐亚兵主审，负责全书的审定。第一章由吴冀鹏、李宁、郭康、王慧明、苏金刚、伊晓宇、邹园编写，第二章由韩卫星、马涛、张鹏、邢雨辰、李乾、郭小燕、蒋春悦编写，第三章由沈学良、李宏峰、李雪松、刘晨晨、孙晓林、闫佳文、张岩编写，第四章由徐洪福、刘宏宾、徐延昌、何义良、张宇琦、刘哲、吴强编写，第五章由魏力强、陈长金编写。

本书可用于高压电缆运行检修专业人员学习使用，有助于提升一线人员专业水平。

本书在编写过程中参考了大量文献书籍，在此对原作者表示深深的谢意。

本书如能对读者和培训工作有所帮助，我们将感到十分欣慰。由于编写时间仓促，难免存在不妥之处，希望各位专家和读者提出宝贵意见，使之不断完善。

编者

2021 年 3 月

目　录

第一章

高压电缆基本知识

第一节　高压电缆基本结构

高压电缆一般由导体（线芯）、导体屏蔽层、XLPE（交联聚乙烯）绝缘层、绝缘屏蔽层、半导电缓冲阻水带、皱纹铝护套、沥青防蚀层、外护套、外导电层构成，如图 1-1 所示。

一、导体（线芯）

1. 作用

导体是用来传输电能的，常用材料为铜、铝。

2. 截面积（计量单位为 mm^2）

为了便于制造和使用，电缆的截面采取标准系列规格，我国的规定是 2.5、4、6、10、16、25、35、50、70、95、120、150、185、240、300、400、500、630、800、1000、1200、1400、1600、2000、2500mm^2 等。

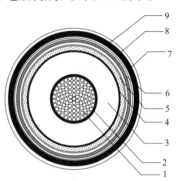

图 1-1　高压电缆结构

1—导体（线芯）；2—导体屏蔽层；3—XLPE 绝缘层；4—绝缘屏蔽层；5—半导电缓冲阻水带；6—皱纹铝护套；7—沥青防蚀层；8—外护套；9—外导电层

3. 线芯结构

采取多根细丝绞合成束，之后经过模具进行压紧，使紧压系数从 0.73 提高到 0.9 以上，有利于进行压接连接。

4. 电缆导体电阻

导体本身具有电阻，通过电流时会发热，其温升数值是限制电缆载流量的关键因素。导体的电阻越小越好。高压电缆实物如图 1-2 所示。

二、导体屏蔽层（也称内屏蔽层、内半导电层）

1. 概念

导体屏蔽层是挤包在电缆导体上的非金属层，与导体等电位，体积电阻率为 $100\sim1000\Omega\cdot m$。

2. 导体屏蔽层主要作用

（1）消除导体表面的坑洼不平。

（2）消除导体表面的尖端效应。

（3）消除导体与绝缘之间的孔隙。

（4）改善导体周边的电场分布。

图 1-2　高压电缆实物

（5）对于交联电缆导体屏蔽层还具有抑制电树生长和热屏蔽作用。

三、绝缘层（也称主绝缘）

1. 主要功能

电缆主绝缘具有耐受系统电压的特定功能，在电缆使用寿命周期内，要长期承受额定电压和系统故障时的过电压、雷电冲击电压，保证在工作发热状态下不发生相对地或相间的击穿短路。因此主绝缘材料是电缆质量的关键。

2. 特性

交联聚乙烯是一种良好的绝缘材料，现在得到广泛的应用，其颜色为青白色，半透明。其具有如下特性：

（1）较高的绝缘电阻。

（2）能够耐受较高的工频、脉冲电场击穿强度。

（3）较低的介质损失角正切值。

（4）化学性能稳定。

（5）耐热性能好，长期允许运行温度为 90℃。

（6）良好的机械性能，易于加工和工艺处理。

四、绝缘屏蔽层（也称外屏蔽层、外半导电层）

（1）绝缘屏蔽层是挤包在电缆主绝缘上的非金属层，其材料也是交联材料，具有半导电的性质，体积电阻率为 $500\sim1000\Omega\cdot m$，与接地保护等电位。

（2）一般情况 110kV 及以上的高压电缆都必须有绝缘屏蔽层。

（3）绝缘屏蔽层的作用：电缆主绝缘与接地金属屏蔽之间的过渡，使之有紧密的接触，消除绝缘与接地导体之间的孔隙；消除接地铜带表面的尖端效应；改善绝缘表面周边的电场分布。

（4）绝缘屏蔽层按照工艺分为可剥离型和不可剥离型，110kV 及以上采用不可剥离型。不可剥离型屏蔽层与主绝缘的结合更紧密，施工工艺要求更高。

五、半导电缓冲阻水带

运行中的电缆因负荷变化而导致电缆温度变化，并产生热胀冷缩，如果绝缘与金属护套之间产生间隙，再加上水分的侵入，则会产生放电击穿，严重影响电缆的安全运行，降低电缆的使用寿命，因此，通常在电缆绝缘外绕包半导电带或挤包半导电聚合物，作为电缆的绝缘屏蔽，以均匀电场，起到阻水和半导电屏蔽功能。

六、铠装层（皱纹铝护套）

（1）在内衬层外缠绕有金属铠装层，一般采用双层镀锌钢带铠装。其作用是保护电缆内部，防止在施工、运行过程中机械外力对电缆的损伤，也兼有接地防护的作用。

（2）铠装层有多种结构，如钢丝铠装、不锈钢铠装、非金属铠装等，用于特殊电缆结构。

七、沥青防蚀层

沥青防蚀层作为高压电缆的外涂层，起着密封、防腐、绝缘等作用。由于铝护套高压电缆需要长期敷设在地下较潮湿的环境中，因此为了使铝护套不受潮气、酸碱的长期侵蚀，相关标准规定必须在铝护套外涂覆防腐层。目前，高压电缆采用沥青作为防腐层，要求沥青涂覆厚度均匀，不能有漏涂、结块、凸起等不良现象。

八、外护套

（1）外护套是电缆最外边的保护，一般采用聚氯乙烯（PVC）、聚乙烯（PE）等绝缘材料，采用挤包成形。按照技术要求，一般采用的是阻燃聚氯乙烯（PVC），满足冬季寒冷和夏季炎热的要求，不开裂，不软化。

（2）外护套主要的作用是密封，防止水分侵入，保护铠装层不受腐蚀，防止电缆故障引发的火灾扩大。

（3）在外护套上还打印有电缆的特性信息，如规格、型号、生产年份、制造厂。

九、外导电层

高压电缆制造过程中，为验证绝缘型护套的安全可靠性，在出厂试验项目中包括对绝缘型护套的电压试验，需要在绝缘型护套外表面涂覆导电涂层以形成交联电缆的外电极。目前高压电缆护套外半导电层通常采用两种方式，一种是石墨涂覆，另一种是挤出半导电护套料，形成挤出半导电层。

第二节　高压电缆附属设备

高压电缆附属设备是交叉互联箱、电缆接地箱、护层保护器、在线监测装置等电缆线路组成部分的统称。

110kV及以上电压等级的电力电缆均为单芯电缆，电缆金属护层一端三相互联并接地，另一端不接地，当雷电波或内部过电压沿电缆线芯传播时，电缆金属护层不接地端会出现较高的冲击过电压，或当系统短路事故电流流经电缆线芯时，其护层不接地端也会出现很高的工频感应过电压。上述过电压可能击穿电缆外护层绝缘，造成电缆金属护层多点接地故障，严重影响电力电缆正常运行，甚至大幅减少电缆使用寿命。通常，为限制电力电缆金属护层上的感应电压和故障过电压，并避免在护层中形成环流，电缆金属护层一端直接接地，另一端则须通过保护器接地。如果线路较长，还应将电缆护层分三段（或三的倍数段）相互绝缘，分段处的护层交叉互联后通过保护器接地。

一、交叉互联箱

电缆护层交叉互联保护接地箱简称交叉互联箱，主要由箱体、绝缘支撑板、芯线夹座、连接金属铜排、接地端头、电缆护层保护器等零部件组成，适用于高压单芯交联电缆接头、终端的交叉互联换位保护接地，用来限制护套和绝缘接头绝缘两侧冲击过电压升高，控制金属护套的感应电压，减少或消除护层上的环形电流，提高电缆的输送容量，防止电缆外护层击穿，确保电缆的安全运行。

交叉互联箱结构示意如图 1-3 所示。

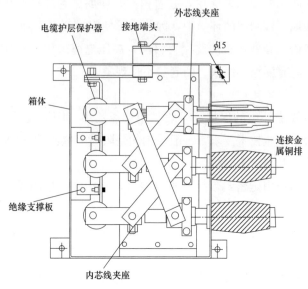

图 1-3　交叉互联箱结构示意图

二、电缆接地箱

电缆接地箱分为电缆护层直接接地箱和保护接地箱，其结构示意如图 1-4 所示。

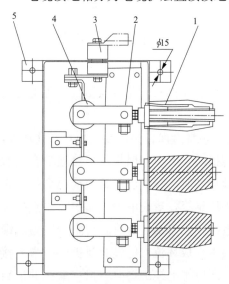

图 1-4　电缆接地箱结构示意图

1—进线端口；2—外线芯夹座螺栓；
3—接地端头；4—保护器（ZJD 型无）；5—固定脚板

（1）电缆护层直接接地箱主要由箱体、进线端口、外线芯夹座螺栓、接地端头、固定脚板等零部件组成，适用于高压单芯交联电缆接头、终端的直接接地。

（2）电缆护层保护接地箱主要由箱体、进线端口、外线芯夹座螺栓、接地端头、保护器、固定脚板等零部件组成，适用于高压单芯交联电缆接头、终端的保护接地，用来控制金属护套的感应电压，减少或消除护层上的环形电流，提高电缆的输送容量，防止电缆外护层击穿，确保电缆的安全运行。

三、护层保护器

护层保护器应用于单芯电力电缆线路中，限制电缆金属护层（或金属护套）上的感应过电压和故障过电压，确保电缆护层绝缘不被过电压击穿。电缆护层保护器通常采用 ZnO 压敏电阻作为保护元件，没有串联间隙，保护特性好，具有优良的伏安特性曲线。

四、在线监测装置

在线监测装置包括在线局部放电监测系统、金属护层接地电流在线监测系统、隧道设备监视与控制系统、隧道火灾报警系统、身份识别系统与防盗监视系统、廊道沉降变形监控系统、隧道视频监控系统、水位监控系统、气体监控系统等。

第三节　高压电缆通道及附属设施

一、高压电缆通道

高压电缆通道包括电缆隧道、电缆沟、排管、直埋电缆、电缆桥架、工作井、综合管廊电缆舱、非开挖定向钻拖拉管等电缆线路的土建设施。本章对电缆通道技术要点进行简介。

（一）电缆隧道

1. 施工工艺

根据现场情况，电缆隧道可采取明挖、暗挖两种施工工艺，其中暗挖法又分为矿山法、盾构法、顶管法3种。

（1）明挖法。此工法适用于埋深较浅、地面地下构筑物及管线少、无水条件、土层稳定的地段。优点是施工工艺简单，建设周期短，施工速度快，造价较低；其缺点是一旦外部条件不能满足要求，则必须采取前期拆迁、边坡支护、降水等一系列措施，工程造价将大幅提高，对环境影响很大。明挖法示意图如图1-5所示。

（2）矿山法。该工法适用于隧道埋深较深、土层具有一定自稳能力、无水条件的地段。优点是施工工艺较盾构法简单，施工过程中对地面环境影响小，造价适中；缺点是人工操作施工危险性大，施工工期长，地面沉降不易控制，在穿越重要地面构筑物、场地地质条件和水质情况不理想的地段需采用控制沉降加固、支护技术措施，如超前注浆加固、降水等，造价大幅提高。矿山法示意如图1-6所示。

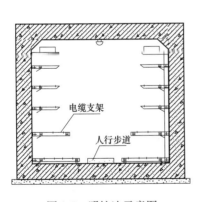

图 1-5　明挖法示意图

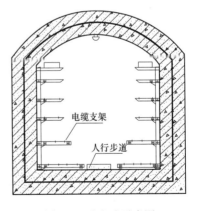

图 1-6　矿山法示意图

（3）盾构法。此工法适用于隧道埋深较深、土层较厚、隧道断面单一的地段。优点是施工速度快，施工安全性好，施工过程中地面沉降控制可靠，适用于各种土质水质条件（岩石基层除外），结构质量可靠，防水性能好，施工过程中对地面环境影响小；缺点是施工设备复杂昂贵，断面尺寸单一，不易调整，平面及纵向转弯困难，工程造价相对较高。盾构法示意图如图1-7所示。

（4）顶管法。顶管法是继盾构法之后发展起来的一种地下管道施工方法。此工法与盾构法相比，推进完可省去管片拼装环节，主要适用于断面尺寸小于 3.5m 情况。优点是施工占地面积小，投资适中，且对周边环境影响小，作业人员相对较少，短距离推进更为经济。缺点是不适应超长距离，平面及纵向转弯困难，不适用于大断面。顶管法示意如图 1-8 所示。

图 1-7　盾构法示意图　　　　　　　　图 1-8　顶管法示意图

2. 电缆隧道内侧墙转弯半径

电缆隧道内侧墙转弯半径应不小于电缆最小弯曲半径要求，各种类型电缆允许最小弯曲半径如表 1-1 所示。

表 1-1　　　　　　　　　　各种类型电缆允许最小弯曲半径

电缆类型			允许最小弯曲半径	
			单芯	3 芯
交联聚乙烯、绝缘电缆	≥66kV		20D	15D
	≤35kV		12D	10D
油浸纸绝缘电缆	铅包		30D	
	铅包	有铠装	20D	15D
		无铠装	20D	

注　1. D 表示电缆外径。
　　2. 非本表范围电缆的最小弯曲半径宜按厂家建议值。

3. 结构总体要求

结构应满足施工工艺、结构变形和位移等要求，建设标准应符合 DL/T 5484《电力电缆隧道设计规程》。结构设计使用年限应按建筑物的合理使用年限确定，且不宜低于 100 年。结构安全等级为二级，并符合 GB 50010《混凝土结构设计规范》的有关规定。抗震设防类别为乙类，并符合 GB 50011《建筑抗震设计规范》和 GB 50191《构筑物抗震设计规范》的有关规定。防水混凝土抗渗等级按照有冻害地区及最冷月平均气温、隧道埋置深度确定，并符合 GB 50108《地下工程防水技术规范》的有关规定。结构防水应根据气候条件、水文地质状况、结构特点、施工方法和使用条件等因素进行设计，满足结构的安全、耐久性和使用要求，防水等级标准应不低于二级。应设置独立接地装置，接地电阻值符合 GB/T 50065《交流电气装置的接地设计规范》的有关规定。当接地电阻值不满足要求时，可通过经济技术比较增大接地电阻，并校验接触电位差和跨步电位差。综合接地电阻应不大于1Ω。

4. 投料口要求

电缆隧道正上方设置直通投料口，宜兼顾人员出入功能。投料口最大间距不宜超过400m。投料口净尺寸应满足管线、设备、人员进出的最小允许限界要求，如与通风口结合，需考虑投料口与通风口之间相互隔离。

5. 电缆支架要求

电缆隧道双侧墙纵向设置电缆支架，电缆支架跨距见表1-2。

表1-2   电 缆 支 架 跨 距

电缆特征	敷设方式	
	水平(mm)	垂直(mm)
未含金属套、铠装的全塑小截面电缆	400*	1000
除上述情况外的中、低压电缆	800	1500
35kV以上高压电缆	1500	3000

* 维持电缆较平直时，该值可增加1倍。

电缆支架的强度应满足电缆及附件荷重和安装维护的受力要求，并考虑短暂上人的900N的附加集中荷载。电缆支架除支持工作电流大于1500A的交流系统单芯电缆外，宜选用非铁磁材料。其他铁磁材料按工程环境和耐久要求，选用合适的防腐处理方式。电缆支架的层间距离，应满足能方便地敷设电缆及其固定、安置接头的要求，且在多根电缆同置于一层情况下，可更换或增设任一根电缆及其接头。

6. 接地要求

电缆隧道应设置独立接地装置，接地电阻值符合GB/T 50065《交流电气装置的接地设计规范》中相关规定。当接地电阻值不满足要求时，可通过经济技术比较增大接地电阻，并校验接触电位差和跨步电位差。单组接地装置的接地电阻应小于5Ω，综合接地电阻应小于1Ω。电缆隧道内设置通长接地镀锌扁钢带，镀锌扁钢带截面应进行热稳定校验，且不宜小于50×5mm²，在现场进行电焊搭接，不得使用螺栓连接方法。接地扁铁与电缆支架可靠焊接，且与接地装置可靠连接。焊接部位需选用合适的防腐处理方式。

7. 通风系统

电缆隧道宜采用自然通风和机械通风相结合的通风方式，通风口最大间距不宜超过200m。机械通风形式符合下列规定：

（1）按照终期电缆发热量设计通风系统，以满足电缆隧道内电缆正常运行不大于40℃和事故后换气通风措施要求。

（2）具备就地控制或远程控制，由温度监测器发出的信号能自动启动风机，风机及辅助降温措施能在火灾发生时自动关闭。

（3）电缆隧道最小断面处风速不宜大于5m/s。

（4）每个通风区段的事故通风量按照最小换气次数2次/h，换气所需时间不超过30min。

（5）通风系统由温度控制启停，按照 GB 50049《小型火力发电厂设计规范》相关规定，电力电缆通道（舱体）的通风按夏季排风温度不超过 40℃，进、排风的温度差不大于 10℃计算。

（6）进、排风发出的噪声符合国家环境保护要求。

（7）在进、排风孔处加设能防止小动物进入的金属网格，网孔净尺寸不大于 10mm×10mm。

（8）风口下沿距室外地坪不低于 0.5m，并满足城市防洪要求或设置防止地面水倒灌的设施。

（9）排风口避免直接吹到行人或附近建筑，直接朝向人行道的排风口出风速度不宜超过 3m/s。

（10）进风口应设置在空气洁净的地方。

（11）电力隧道作为电缆敷设通道，可满足一定回路数的电缆敷设要求，多回电缆发热导致电力隧道内温度升高，不仅不利于人员巡视维护，还会超过电缆载流量计算时规定的环境温度 40℃的要求，从而造成电缆使用寿命下降。因此需计算多回电缆发热量，以确定电力隧道通风形式、风亭大小及间距，从而满足电缆正常运行的环境温度要求。

8. 照明系统

电缆隧道内应设置照明系统及设备，具体要求如下：

（1）人行道上一般照明的平均照度不应小于 10lx，最小照度不应小于 2lx，出、入口和设备操作处的局部照度可提高到 100lx，应设置应急疏散照明，照度不小于 0.5lx，应急电源持续供电时间不小于 30min。

（2）出、入口和各防火分区防火门上方应有安全出口标志灯，灯光疏散指示标志设置在距地坪高度 1.0m 以下，间距不大于 20m。

（3）照明灯具为防触电保护等级Ⅰ类设备，防水防潮等级不低于 IP54，并具有防外力冲撞的防护措施。采用节能型荧光灯。

（4）电源可采用三相四线式 AC 380V/220V，由两路电源交叉供电，照明灯开关采用双控开关，并采用回路中设置动作电流不大于 30mA 的剩余电流动作保护的措施。

（5）照明线路明敷时采用保护管或线槽穿线方式布线。

9. 排水系统

电缆隧道可根据实际情况采用无组织排水或机械排水。当采用机械排水方式时应符合下列规定：

（1）电缆隧道底板应设置排水明沟，排水明沟的坡度不宜小于 0.5%。

（2）排水区间根据道路的纵坡确定，排水区间不宜大于 400m，应在排水区间的最低点设置集水坑，并设置自动水位排水泵。

（3）集水坑的容量根据渗入电缆隧道内的水量和排水扬程确定。

（4）排水泵需要准备两台带自动搅拌功能的潜水排污泵，投入一台、备用一台，必要时同时启动，但应在集水坑内设最高水位、启泵及停泵水位信号，并设超高、超低水位信号报警功能。

（5）排水泵的工作状态、故障状态及集水井水位信号在中心控制室显示。

（6）在排水管的上端设置止回阀。

10. 其他

电缆隧道可根据实际情况采用通信系统、低压电源系统。重要电力隧道内同步建设综合监控系统，可包含分布式光纤系统、隧道环境监控、隧道沉降监控、火灾报警及消防联动装置、视频监控等，监测结果通过二级远程集中监测平台及终端控制室传输至电缆隧道运维单位监控中心。

（二）电缆沟

1. 电缆沟宽度

电缆沟、隧道中通道净宽允许最小值见表1-3。

表1-3 　　　　　　　　　电缆沟、隧道中通道净宽允许最小值　　　　　　　　　　mm

电缆支架配置及通道特征	电缆沟深 H		电缆隧道
	H<1000	1900>H≥1000	
两侧支架间净通道	500	700	1000
单列支架与壁间通道	500	600	900

2. 其他要求

电缆沟有不小于0.5%的纵向排水坡度，并沿排水方向适当距离设置集水井。电缆沟应合理设置接地装置，接地电阻小于5Ω。在不增加电缆导体截面且满足输送容量要求的前提下，电缆沟内可回填细砂。电缆沟盖板为钢筋混凝土预制件，其尺寸应严格配合电缆沟尺寸，盖板表面平整，四周应设置预埋件的护口件，有电力警示标识。盖板的上表面应设置一定数量的供搬运安装用的拉环。

（三）排管

电缆排管所需孔数，除按电网规划确定敷设电缆根数外，还需有适当备用孔供更新电缆用，但排管的最大规模不宜超过21孔。排管顶部土壤覆盖深度不宜小于0.5m，且与电缆、管道（沟）及其他构筑物的交叉距离应满足有关规程的要求。

选择排管路径时，尽可能取直线，在转弯和折角处，应加工作井。在直线部分，两工作井之间距离以120~140m为宜，排管在工作井处的管口应封堵。

排管地基应坚实、平整，不得有沉陷。不符合要求时，对地基进行处理并夯实，以免地基下沉损坏电缆。排管应有0.3%的坡度，使积水流向工作井。

工作井的尺寸应考虑电缆的弯曲半径和满足接头安装的需要，工作井的高度应使工作人员能站立操作，且不小于1.9m，工作井底应有积水坑，向集水坑泄水坡度不应小于0.3%。

工作井内电缆支架应有良好的接地，托架应作防腐处理。工作井内应预埋构件，便于在敷设电缆使用牵引机械时固定滑轮。

排管建成后及敷设电缆前，用试验棒疏通检查排管内壁有无尖刺或其他障碍物，防止敷设时损伤电缆。

排管应使用对电缆金属护套无腐蚀作用的材料制成，如水泥管或玻璃钢管。管的内径不宜小于电缆外径的 1.5 倍，且不小于 150mm。管子内部必须光滑，管子连接时，管孔应对准，接缝应严密，不得有地下水和泥浆渗入。

工作井内的两侧除需预埋供安装用立柱支架等铁件外，在顶板和底板以及与排管接口部位，还需预埋供吊装电缆用的吊环以及供电缆敷设施工所需的拉环。安装在工作井内的金属构件皆应用镀锌扁钢与接地装置连接。每座工作井应设接地装置，接地电阻不应大于 10Ω。在 10% 以上的斜坡排管中，应在标高较高一端的工作井内设置防止电缆因热伸缩而滑落的构件。

排管结构示意图如图 1-9 所示。

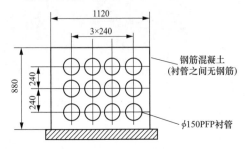

图 1-9　排管结构示意图

（四）直埋电缆

直埋电缆的埋设深度，一般由地面至电缆外护套顶部的距离不小于 0.7m，穿越农田或在车行道下时不小于 1m。在引入建筑物、与地下建筑物交叉及绕过建筑物时可浅埋，但应采取保护措施。

敷设于冻土地区时，宜埋入冻土层以下。当无法深埋时可埋设在土壤排水性好的干燥冻土层或回填土中，也可采取其他防止电缆线路受损的措施。

电缆相互之间，电缆与其他管线、构筑物基础等最小允许间距应符合 DL/T 1253—2013《电力电缆线路运行规程》附录 C 的规定。严禁将电缆平行敷设于地下管道的正上方或正下方。

电缆周围不应有石块或其他硬质杂物以及酸、碱强腐蚀物等，沿电缆全线上下各铺设 100mm 厚的细土或沙层，并在上面加盖保护板，保护板覆盖宽度超过电缆两侧各 50mm。

直埋电缆在直线段每隔 30~50m 处、电缆接头处、电缆转弯处、进入建筑物等处，应设置明显的路径标志或标桩。

（五）电缆桥架

电缆桥架钢材应平直，无明显扭曲、变形，并进行防腐处理，连接螺栓应采用防盗型螺栓；电缆桥架两侧围栏应安装到位，选用不可回收的材质，并在两侧悬挂"高压危险、禁止攀登"的警告牌；电缆桥架两侧基础保护帽用混凝土浇注到位；当直线段钢制电缆桥架超过 30m、铝合金或玻璃钢制电缆桥架超过 15m 时，应有伸缩缝，其连接采用伸缩连接板，电缆桥架跨越建筑物伸缩缝处应预留伸缩空间；电缆桥架全线均有良好的接地；电缆桥架转弯处的转弯半径，不小于该桥架上的电缆最小允许弯曲半径的最大者。

悬吊架设的电缆与桥梁架构之间的净距不小于 0.5m。敷设在桥梁上的电缆应加垫弹性材料制成的衬垫（如沙枕、弹性橡胶等）。桥墩两端和伸缩缝处设置伸缩节，以防电缆因桥梁结构胀缩而受到损伤；敷设于木桥上的电缆置于耐火材料制成的保护管或槽盒中，管的拱度不应过大，以免安装或检修管内电缆时拉伤电缆；露天敷设时尽量避免太阳直接照射，

必要时加装遮阳罩；桥梁敷设电缆不宜选用铅包或铅护套电缆。

（六）工作井

工作井应无倾斜、变形及塌陷现象。井壁立面应平整、光滑，无突出铁钉、蜂窝等现象。工作井井底平整、干净，无杂物；工作井内连接管孔位置应布置合理，上管孔与盖板间距宜在20cm以上；工作井盖板应有防止侧移措施；工作井内应无其他产权单位管道穿越；对工作井（沟体）施工涉及电缆保护区范围内平行或交叉的其他管道应采取妥善的安全措施；工作井尺寸应考虑电缆弯曲半径和满足接头安装的需要，工作井高度应使工作人员能站立操作，工作井底应有集水坑，向集水坑泄水坡度不应小于0.5%；工作井井室中设置安全警示标识标牌。露面盖板有电力标志、联系电话等；不露面盖板根据周边环境条件按需设置标志标识；井盖设置二层子盖，并符合GB/T 23858《检查井盖》的要求，尺寸标准化，具有防水、防盗、防噪声、防滑、防位移、防坠落等功能；井盖标高与人行道、慢车道、快车道等周边标高一致；除绿化带外不应使用复合材料井盖；工作井应设独立的接地装置，接地电阻不应大于10Ω；工作井高度超过5.0m时应设置多层平台，且每层设固定式或移动式爬梯；工作井顶盖板处设置2个安全孔。位于公共区域的工作井，安全孔井盖的设置宜使非专业人员难以开启，人孔内径不小于800mm；工作井应采用钢筋混凝土结构，设计使用年限不低于50年；防水等级不应低于二级，隧道工作井按隧道建设标准执行。

（七）综合管廊电缆舱

综合管廊电缆舱应按电缆通道型式选择及建设原则，满足国家及行业标准中电力电缆与其他管线的间距要求，综合考虑各电压等级电缆敷设、运行、检修的技术条件进行建设；电缆舱内不得有热力、燃气等其他管道；通信等线缆与高压电缆应分开设置，并采取有效防火隔离措施；电缆舱具有排水、防积水和防污水倒灌等措施；除按GB 50838《城市综合管廊工程技术规范》、GB 50217《电力工程电缆设计标准》设有火灾、水位、有害气体等监测预警设施并提供监测数据接口外，还需预留电缆本体在线监测系统的通信通道。

（八）非开挖定向钻拖拉管

220kV及以上电压等级不应采用非开挖定向钻拖拉管；非开挖定向钻拖拉管出入口角度不大于15°；非开挖定向钻拖拉管长度不超过150m，应预留不少于1个抢修备用孔；非开挖定向钻拖拉管两侧工作井内管口与井壁齐平；非开挖定向钻拖拉管两侧工作井内管口应预留牵引绳，并进行对应编号挂牌；对非开挖定向钻拖拉管两相邻井进行随机抽查，要求管孔无杂物，疏通检查无明显拖拉障碍；非开挖定向钻拖拉管出入口2m范围有配筋混凝土包封保护措施；非开挖定向钻拖拉管两侧工作井处应设置安装标志标识。工作井根据周边环境设置标志标识、轨迹走向设置路面标识。

二、高压电缆附属设施

（一）电缆支架

110（66）kV及以上电缆采用金属支架，35kV及以下电缆可采用金属支架或抗老化性能好的复合材料支架；支架平直、牢固，无扭曲，各横撑间的垂直净距与设计偏差不大于 5mm。支架满足电缆承重要求。金属电缆支架应进行防腐处理，位于湿热、盐雾以及有化学腐蚀地区时，根据设计做特殊的防腐处理。复合材料支架寿命不低于电缆使用年限。

电缆支架安装牢固，横平竖直，托架支（吊）架的固定方式按设计要求进行。各支架的同层横挡在同一水平面上，其高低偏差不大于 5mm。托架支（吊）架沿桥架走向左右的偏差不大于 10mm。在有坡度的电缆沟内或建筑物上安装的电缆支架，应有与电缆沟或建筑物相同的坡度。隧道内支架同层横挡应在同一水平面，水平间距为 1m。金属电缆支架全线均应有良好的接地。分相布置的单芯电缆，其支架应采用非铁磁性材料。

电缆支架的层间允许最小距离，当设计无规定时，可按表 1-4 的规定。但层间净距不小于 2 倍电缆外径加 10mm。35kV 及以上高压电缆不小于 2 倍电缆外径加 50mm。

表 1-4   电缆支架的层间允许最小距离值   mm

电缆类型和敷设特征		支（吊）架	桥架
控制电缆明敷		120	200
电力电缆明敷	10kV 及以下（除 6～10kV 交联聚乙烯绝缘外）	150～200	250
	6～10kV 交联聚乙烯绝缘	200～250	300
	35kV 单芯 66kV 及以上，每层 1 根	250	300
	35kV 三芯 66kV 及以上，每层多于 1 根	300	350
电缆敷设于槽盒内		$h+80$	$h+100$

注 h 表示槽盒外壳高度。

电缆支架最上层及最下层至沟顶、楼板或沟底、地面的距离，当设计无规定时，不宜小于表 1-5 的数值。

表 1-5   电缆支架最上层及最下层至沟顶、楼板或沟底、地面的距离   mm

敷设方式	电缆隧道及夹层	电缆沟	吊架	桥架
最上层至沟顶或楼板	300～500	150～200	150～200	350～450
最下层至沟底或地面	100～150	50～100	—	100～150

（二）终端站、终端塔

终端站、终端塔（杆、T 接平台）接地独立设置。接地体安装方式正确，引出接地扁铁规格符合设计要求，预留位置、长度满足敷设安全要求，接地电阻符合设计要求。

终端站、终端塔（杆、T 接平台）无基础下沉和歪斜现象，支架与邻近物（树木、建筑物等）应保持足够的安全距离。终端站、终端塔（杆、T 接平台）应设置围墙或围栏，终端站宜采取防盗、报警措施。内部地坪采用水泥硬化。终端站、终端塔（杆、T 接平台）上相位牌悬挂正确，铭牌规范悬挂。

电缆从地下通道到架空线路的引上部分装设电缆保护管，选用符合防盗要求的材质。电缆终端、避雷器带电裸露部分之间及接地体的距离符合表 1-6 的要求。

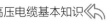

表 1-6 电缆终端、避雷器带电裸露部分之间及接地体的距离

运行电压(kV)	10		20		35		66		110		220	
	相间	对地	相间	对地	相间	对地	相间	对地	相间	对地	相间	对地
户内(mm)	125	125	180	180	300	300	550	550	900	850	2000	1800
户外(mm)	200	200	300	300	400	400	650	650	1000	900	2000	1800

水底电缆终端站的标高大于历史最高潮位时的海浪泼溅高度，同时也高于周围的建设物的标高（一般以超过 0.5m 为宜）。在海浪可触及的海缆终端站，四周的围墙一般高于 2.5m，面向大海的一侧围墙应采用实体围墙，并适当采用弧形（向外）结构，高度大于 3.5m。

（三）标识和警示牌

在电缆终端头、电缆接头、拐弯处、夹层内、隧道及竖井的两端、工作井内等地方，装设标识牌，标识牌上注明线路编号，当无编号时，写明电缆型号、规格及起迄地点，双回路电缆应详细区分。

标识和警示牌规格统一，字迹清晰，防腐不易脱落，挂装牢固。标识和警示牌选用复合材料等不可回收的非金属材质。

在电缆终端塔（杆、T 接平台）、围栏、电缆通道等地方装设警示牌。电缆通道的警示牌在通道两侧对称设置，警示牌形式根据周边环境按需设置，沿线每块警示牌设置间距一般不大于 50m，在转弯工作井、定向钻进拖拉管两侧工作井、接头工作井等电缆路径转弯处两侧增加埋设。

在水底电缆敷设后，设立永久性标识和警示牌。接地箱标识牌选用防腐、防晒、防水性能好、使用寿命长、黏性强的黏胶带材制作，包含电压等级、线路名称、接地箱编号、接地类型等信息。在各类终端塔围栏、钢架桥、钢拱桥两侧围栏正面侧均需正确安装包含"高压危险、禁止攀登"等标志的警示牌。警示牌悬挂安装在终端站、塔的围墙和围栏开门侧及对向两侧中间位置；对于各类钢架桥、钢拱桥两侧 U 形围栏在面向通道方向相向两侧进行悬挂安装。警示牌底边距地面高度在 1.5～3.0m 之间。围墙和围栏设施警示牌选用防腐、防晒、防水等抗老化性能好、使用寿命长、不可回收的非金属材质。

电缆隧道内设置出入口指示牌。电缆隧道内通风、照明、排水和综合监控等设备挂设铭牌，铭牌内容包括设备名称、投运日期、生产厂家等基本信息。

（四）防火设施

在电缆穿过竖井、变电站夹层、墙壁、楼板或进入电气盘、柜的孔洞处，做防火封堵。在隧道、电缆沟、变电站夹层和进出线等电缆密集区域采用阻燃电缆或采取防火措施。在重要电缆沟和隧道中有非阻燃电缆时，宜分段或用软质耐火材料设置阻火隔离，孔洞应封堵。未采用阻燃电缆时，电缆接头两侧及相邻电缆 2～3m 长的区段采取涂刷防火涂料、缠绕防火包带等措施。在封堵电缆孔洞时，封堵严实、可靠，不应有明显的裂缝和可见的缝隙，孔洞较大者应加耐火衬板后再进行封堵。

（五）防水设施

电缆隧道有完善的防水封堵和排水措施，确保隧道不积水。其他非直埋电缆通道采取适当的防水封堵和排水措施，确保电缆中间接头、交叉互联箱、直接接地箱等不浸水，电缆本体不长期浸水。

高压电缆附件选型时充分考虑防潮防水要求。当采用直埋、排管、电缆沟等容易接触水分的敷设方式时，选用有玻璃钢保护盒（含铜壳和防水浇注剂）或铜壳（含防水浇注剂）产品，不选用无保护盒产品。

电缆交叉互联箱、直接接地箱的防水密封性能满足 IP68 的要求，同轴电缆、单芯电缆进出交叉互联箱、直接接地箱部位，做好防水封堵。

电缆通道采用钢筋混凝土型式时，其伸缩（变形）缝应满足密封、防渗漏、适应变形、施工方便、检修容易等要求，施工缝、穿墙管、预留孔等细部结构应采取相应的止水、防渗漏措施。

电力隧道有不小于 0.5% 的纵向排水坡度，沿排水方向适当距离设置集水井，电缆隧道底部有流水沟，必要时设置排水泵，排水泵有自动启停装置。

电力隧道通风亭、投料孔高出地面，并具有防渗漏、防地表滞水措施。位于绿化带内的电缆井高出地面，以防止绿化用水渗漏进电缆通道。电缆通道内对各种孔洞进行有效防渗漏封堵并配置排水系统。排水系统满足隧道最高扬程要求，上端设止回阀以防止回水，积水排入市政排水系统。

电缆通道与变配电站房连通处做好防渗漏封堵，防止管道中积水流入变配电站房内。重点变电站的出线管口、重点电缆通道的易积水段定期组织排水或加装水位监控和自动排水装置。

第四节　高压电缆接地系统

当电缆线芯通过交流电时，在与导体平行的金属护套中必然产生感应电压。三芯电缆具有良好的磁屏蔽，在正常运行情况下其金属护套各点的电位基本相等，为零电位，而由三根单芯电缆组成的电缆线路中情况则不同。

一、金属护层感应电压产生原因及危害

单芯电缆的导体部分与金属屏蔽可分别看作变压器的一次绕组与二次绕组。当电缆的导线通过交流电流时，其周围产生的一部分磁力线将与屏蔽层铰链，使屏蔽层产生感应电压。感应电压的大小与电缆线路的长度和流过导体的电流成正比，电缆很长时，护套上的感应电压叠加起来会达到危及人身安全的程度。因此，单芯电缆在设计中必须根据工频感应电压的大小采用不同的接地方式，对金属护套采取措施限制护套中的感应电压幅值在安全值以内。电缆正常运行时，屏蔽层上的环流与导体的负荷电流基本上为同一数量级，将产生很大的环流损耗，使电缆发热，影响电缆的载流量，缩短电缆的使用寿命。因此，电缆屏蔽应可靠、合理地接地，电缆外护套应有良好的绝缘。

二、高压电缆金属护套或屏蔽层接地方式

电力电缆的金属护套或屏蔽层接地方式的选择应符合下列要求：

（1）三芯电缆应在线路两终端直接接地，如在线路中有电缆接头，在电缆接头处另加设接地。

（2）单芯电缆的金属护套或屏蔽层，在线路上至少有一点直接接地，且在金属护套或屏蔽层上任一点非接地处的正常感应电压符合下列要求：

1）未采取能防止人员任意接触金属护套或屏蔽层的安全措施时，满载情况下不得大于50V。

2）采取能防止人员任意接触金属护套或屏蔽层的安全措施时，满载情况下不得大于100V。

（3）长距离单芯水底电缆线路应在两岸的接头处直接接地。高压电缆线路安装时，单芯电缆线路的金属护套只有一点接地时，金属护套任一点的感应电压不超过 50~100V，并对地绝缘。如果大于此规定电压时，采取金属护套分段绝缘或绝缘后连接成交叉互联的接线。为了减小单芯电缆线路对邻近辅助电缆及通信电缆的感应电压，尽量采用交叉互联接线。在电缆长度不长的情况下，可采用单点接地的方式。为保护电缆护层绝缘，在不接地的一端应加装护层保护器。

（一）一端直接接地、一端保护接地

若电缆线路能够达到500m或者以下的长度，电缆护套就能够采用一端直接接地（通常在终端头位置接地），另一端经保护器实现接地，如此一来，护套不会形成回路，护套上的环形电流就可以有效减少甚至消除，从而提高电缆的输送量。为了确保人身安全，非直接接地一端护套中的感应电压不能大于50V，倘若电缆端头处的金属护套用玻璃纤维绝缘材料覆盖，允许感应电压能提高到100V。电缆线路一端直接接地、一端保护接地示意图如图1-10所示。

护套一端接地的电缆线路，需要安装一条导体，该导体沿着电缆线路平行敷设，确保导体两端接地，也将这种导体称为回流线，其作用是减小短路时电缆护套上的感应电压和保护通信线路（地电位上升、感应电压增大），回流线的排列配置方式应保证电缆运行时在回流线产生的损耗最小，当采用平行排列时可采用"三七开"原则布置。回流线的选择与设置应符合下列规定：

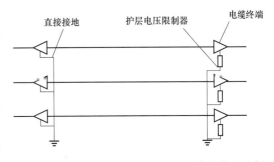

图 1-10　电缆线路一端直接接地、一端保护接地示意图

（1）回流线的阻抗及其两端接地电阻，应达到抑制电缆金属层工频感应过电压目的，并使其截面满足最大暂态电流作用下的热稳定要求。

（2）回流线的排列配置方式保证电缆运行时在回流线上产生的损耗最小。

（3）电缆线路任一终端设置在发电厂、变电站时，回流线与电源中性线接地的接地网连通。实际接线示意如图1-11所示。

（二）两端接保护器、中间直接接地

电缆线路采用一端接地感到太长时，可以采用护套中点接地的方式。这种方式是在电缆

线路的中间将金属护套接地，电缆两端均对地绝缘，并分别装设一组保护器。每一个电缆端头的护套允许电压可以为 50V，因此，中点接地的电缆线路长度可以看做一端接地电缆线路长度的两倍。

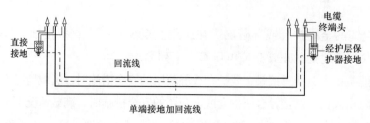

图 1-11　实际接线示意图

两端接保护器、中间直接接地示意图如图 1-12 所示。

（三）两端直接接地

66kV 及以上电压等级 XLPE 单芯电缆金属护套上的感应电压与电缆的长度和负荷电流成正比。当电缆线路短，传输功率小时，护套上的感应电压也会非常小。护套的两端接地后，护层中的环流比较小，造成不明显的损耗，这样对于电缆的载流量产生的影响比较小。当电缆线路短，利用小时数低，而且传输容量大时，电缆线路能够采用护套两端接地的方式。

两端直接接地示意图如图 1-13 所示。

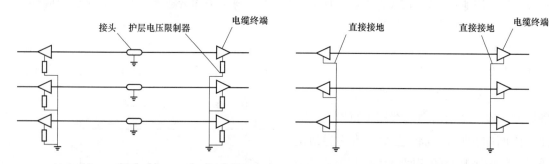

图 1-12　两端接保护器、中间直接接地示意图　　　　　图 1-13　两端直接接地示意图

（四）交叉互联接地

比较长的电缆线路（大于 1km 及以上时）就能够采用护套交叉互联方式。这主要是把电缆线路分成若干段，再把每一段分成长度相等的小段，然后在每小段之间安装绝缘接头。三相之间采用同轴引线通过接线盒进线实现换位连接。绝缘接头处要安装一级保护器，每一大段的两端护套分别互联接地。交叉互联接地示意图如图 1-14 所示。

三、护层过电压限制器

当单芯电缆中流过短路电流、雷电、操作过电压脉冲时，由于这三种情况下电流幅值要远大于电缆线芯中流过的工频电流，电缆金属护套中将会感应出更高的电压，在电缆设计中应校核电压值不超过电缆外护套耐压值，并采取有效措施将过电压限制在合理的范围内。通常做法是在单芯电缆的不接地端装设护层过电压限制器。护层过电压限制器应符合下列规定：

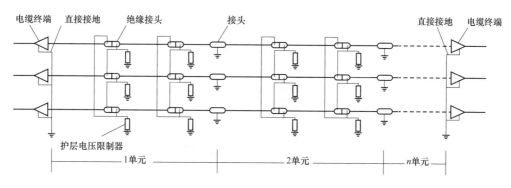

图 1-14 交叉互联接地示意图

（1）35kV 以上单芯电力电缆的外护层、电缆直连式组合电器（Gas Insulated Switchgear，GIS）终端的绝缘筒，以及绝缘接头的金属层绝缘分隔部位，当其耐压水平低于可能的暂态过电压时，应增加保护措施，且符合下列规定：

1）单点直接接地的电缆线路，在其金属层电气通路的末端，设置护层电压限制器。

2）交叉互联接地的电缆线路，每个绝缘接头应设置护层电压限制器。线路终端非直接接地时，该终端部位设置护层电压限制器。

3）GIS 终端的绝缘筒上，跨接护层电压限制器或电容器。

（2）35kV 单芯电力电缆金属层单点直接接地，且有增强护层绝缘保护需要时，可在线路未接地的终端设置护层电压限制器。

（一）护层电压限制器参数

护层电压限制器参数的选择符合下列规定：

（1）在最大冲击电流作用下护层电压限制器的残压，不大于电缆护层的冲击耐压被 1.4 所除数值。

（2）在系统短路时产生的最大工频感应过电压作用下，在可能长的切除故障时间内，护层电压限制器能耐受所叉过电压而不损坏（切除故障时间按 5s 以内计算）。

（3）受最大冲击电流累积作用 20 次后，护层电压限制器不得损坏。

（二）护层电压限制器的配置连接

（1）护层电压限制器配置方式按满足暂态过电压抑制效果、满足工频感应过电压下参数匹配、便于检查维护等因素综合确定，并符合下列规定：

1）交叉互联线路中绝缘接头处护层电压限制器的配置及其连接，可选取桥形非接地角形连接、星形连接或桥形接地等三相接线方式。

2）交叉互联线路未接地的电缆终端、单点直接接地的电缆线路，采取星形连接方式配置护层电压限制器。

（2）护层电压限制器连接回路符合下列规定：

1）连接线尽量短，其截面满足系统最大暂态电流通过时的热稳定要求。

2）连接回路的绝缘导线、隔离开关等装置的绝缘性能，不低于电缆外护层绝缘水平。

3）护层电压限制器接地箱的材质及其防护等级满足其使用环境的要求。

第二章

高压电缆附件基本知识

第一节　高压电缆附件

一、高压电缆附件类型

电缆附件按连接方式一般分为终端连接及中间连接，终端连接分为户内终端和户外终端，一般情况户外终端是指露天电缆接头，户内终端是指室内连接电缆与电气设备的接头；中间连接分为直通式和绝缘式两种。

（一）电缆终端类型

1. 按使用场合分类

电缆终端按使用的场合不同，常见的有户外终端、户内终端、T形终端和GIS终端。T形终端和GIS终端又称作封闭式终端，即它们的导体连接点都不是暴露在空气中，而是被绝缘材料封闭起来。

T形终端的封闭绝缘一般为各种橡胶材料，它经常应用在电缆分支箱和环网柜中，几个T形终端可以通过连接螺栓连在一起。

GIS终端是用于SF_6气体绝缘、金属封闭组合电器中的电缆终端，它是GIS组合电器进出线电源的一种接口。

2. 按结构和材料分类

电缆终端按其结构和材料不同，分为以下三类：

一类是具有容纳绝缘浇注剂的防潮密封盒体，以无机材料为外绝缘的终端，常见型式是瓷套式终端，主要适用于油纸电缆和110kV及以上的交联聚乙烯电缆。

二类是具有容纳绝缘浇注剂的防潮密封盒体，其外绝缘不是无机材料的终端，常见为尼龙式终端，主要作为以前35kV及以下油纸电缆的户内终端。

三类是应用高分子材料制作的终端。这类终端广泛应用于交联聚乙烯电缆，常见型式有以下3种：

（1）热缩型。应用高分子聚合物基料加工成绝缘管、应力管、伞裙等部件，在现场使用喷灯加热紧缩在电缆绝缘线芯上。由于受热缩材料弹性差和应力管改善电场分布质量要求高限制，所以热缩终端主要适用于35kV及以下电压等级。

（2）冷缩型。应用乙丙橡胶、三元乙丙橡胶或硅橡胶加工成型，经扩张后用螺旋尼龙条支撑，安装时将绝缘管套在绝缘线芯上，抽去支撑尼龙条，绝缘管靠橡胶收缩特性紧缩在电缆线芯上。

（3）预制型。应用乙丙橡胶、三元乙丙橡胶或硅橡胶在工厂经过挤塑、模塑或铸造成型后，再经硫化工艺制成预制件，在现场直接进行装配。

（二）电缆接头类型

1. 按接头功能分类

电缆接头按功能的不同，可以分为以下几种类型：

（1）直通接头。又称普通接头或直线接头，用它实现电缆结构的连续性。

（2）绝缘接头。它可以将接头两端电缆的金属护套、接地屏蔽层在电气上绝缘隔离，用于金属护套需要采用交叉互联的较长单芯电缆线路。

（3）塞止接头。应用于高落差或较长的自容式充油电缆线路。

（4）分支接头。它可以使电缆线路同时送电到两个或3个受电端。

（5）过渡接头。用来连接两种不同类型绝缘材料的电缆接头。

（6）转换接头。用于一根多芯和多根单芯电缆相互连接的接头。

（7）软接头。可以弯曲成弧形的电缆接头。

2. 按结构和材质不同分类

（1）绕包型。用制成的橡胶带材（自黏性）现场绕包制作的电缆附件称为绕包式电缆附件，该附件易松脱、耐火性较差、寿命短。

（2）热缩型。将橡塑合金制成具有形状记忆效应的不同组件制品，在现场加热收缩在电缆上而制成的附件。该附件具有质量轻、施工简单方便、运行可靠、价格低廉等特点。所用材料一般由聚乙烯、乙烯-醋酸乙酯（EVA）等多种材料组分的共混物组成。该类产品主要采用应力管处理电应力集中问题。即采用参数控制法缓解电场应力集中。主要优点是轻便、安装容易、性能好、价格便宜。应力管是一种体积电阻率（$10^{10} \sim 10^{12} \Omega \cdot cm$）适中，介电常数较大（$20 \sim 25$）的特殊电性参数的热收缩管，利用电气参数强迫电缆绝缘屏蔽断口处的应力疏散成沿应力管较均匀分布。这一技术一般用于35kV及以下电缆附件中。电压等级高时应力管将发热而不能可靠工作。

（3）冷缩型。冷缩型电缆附件是利用弹性体材料（常用的有硅橡胶和乙丙橡胶）在工厂内硫化成型，再经扩径、衬以塑料螺旋支撑物构成各种电缆附件的部件。现场安装时，将这些预扩张件套在经过处理后的电缆末端或接头处，抽出内部支撑的塑料螺旋条（支撑物），压紧在电缆绝缘上而构成的电缆附件。因为它是在常温下靠弹性回缩力，而不是像热收缩电缆附件要用火加热收缩，故俗称冷收缩电缆附件。早期的冷收缩电缆终端头只是附加绝缘采用硅橡胶冷缩部件，电场处理仍采用应力锥方式或应力带绕包式。普遍都采用冷收缩应力控制管，电压等级从10kV到35kV。冷收缩电缆接头，1kV级采用冷收缩绝缘管作增强绝缘，10kV级采用带内外半导电屏蔽层的接头冷缩绝缘件。三芯电缆终端分叉处采用冷收缩分支套。冷缩型电缆附件具有体积小、操作方便、迅速、无需专用工具、适用范围广和产品规格少等优点。与热缩型电缆附件相比，不需用火加热，且在安装以后挪动或弯曲不会像热缩型电缆附件那样出现附件内部层间脱开的危险（因为冷缩型电缆附件靠弹性压紧力）。与预制型电缆附件相比，虽然都是靠弹性压紧力来保证内部界面特性，但是它不像预制型电缆附件那样与电缆截面——对应，规格多。

（4）整体预制型。接头中的橡胶预制件内径必须与电缆外径过盈配合，确保界面间有足够的压力。

（5）预制组装型。它是指用预制橡胶应力锥及预制环氧绝缘件在现场组装，并采用弹簧机械压紧；用硅橡胶注射成不同组件，一次硫化成型，仅保留接触界面，在现场施工时插入电缆而制成的附件。预制组装型将环境中不可测的不利因素降低到最低程度，因此该类型附件具有巨大的潜在使用价值，是交联电缆附件的发展方向，但制造技术难度高，涉及多种学科及行业。预制组装型附件在电缆的三叉口及屏蔽口以下的安装材料仍采用热缩材料，因此实际上是预制型和热缩型的组合。

（6）模塑型。它是采用经过辐照加工处理的聚乙烯带材，在现场绕包，经模具热压成形的接头，用于交联聚乙烯电缆。主要用于电缆中间连接，在现场进行加模加温，与电缆融为一体，该附件制作工艺复杂且时间长，不适用于终端接头。

（7）浇铸型。用热固性树脂作为主要材料在现场浇灌而成，所选的材料有环氧树脂、聚氨酯、丙烯酸酯等，其致命缺点是固化时易产生气泡。

（三）冷缩型和热缩型电缆附件比较

1. 性能比较

冷缩型电缆附件与热缩型电缆附件相比，冷缩型电缆附件有更高的使用性能，主要表现在以下两个方面：

（1）材料弹性不同。冷缩型材料比热缩型材料弹性好。在电缆运行过程中，负荷电流的大小是有变化的，电缆的温度也会有相应的变化。由于热缩型材料的弹性较差，当电缆经过较大温度变化后，电缆主绝缘热胀冷缩，热缩型材料不能与电缆主绝缘配合，会在电缆主绝缘与热缩型绝缘管之间形成间隙，该间隙在电场作用下发生放电，将绝缘管烧坏。而冷缩型材料的弹性较好，冷缩型绝缘管可以与电缆主绝缘配合，不会产生间隙放电。

（2）改善电场应力集中方式不同。电缆附件的设计关键就是电场应力集中处理问题，众所周知，无论是终端头还是中间头，在电缆外半导电层断口处电场应力最强，热缩型附件大多采用应力管来进行该处电场应力疏散，冷缩型附件大多采用应力锥方式进行电场应力疏散。应力管是根据参数法的原理来实现的，即采用高介电常数和一定体积电阻率材料制作成应力管，覆盖在半导电层端部和绝缘层的表面。而应力锥是根据几何法原理实现电场应力疏散，即通过改变半导电层端部的几何形状，均匀电场的分布。现场运行情况表明，应力锥比应力管效果更可靠。

2. 结构和安装方法的区别

（1）尺寸要求不同。一般冷缩型附件整体尺寸比热缩型附件小，因此，冷缩型附件要求的电缆剥切尺寸比热缩型附件的精度更高。

（2）管件结构方式不同。冷缩型附件中的应力锥、绝缘管和防雨裙融为一体，热缩型附件的应力管和绝缘管为分体式。这一结构决定了冷缩型附件中绝缘管的安装位置必须精确，原因是它决定着应力锥与电缆外半导电层断口之间的配合，决定着冷缩型附件对电场应力集中的疏散性能。

（3）管件收缩方式不同。冷缩型附件不需要用喷灯加热，只要将管件中的尼龙撑条抽掉即可。冷缩型附件的这种操作，不但简单、方便，而且适用于一些有防火要求的场所。

（4）密封方法不同。在冷缩型附件中，主要靠冷缩材料的弹性对线芯产生的抱紧力密封，热缩型附件主要靠热熔胶或其他密封胶密封。

二、电缆附件的选择

（一）电缆终端和接头的选择原则

1. 优良的电气绝缘性能

终端和接头的额定电压应不低于电缆的额定电压，其雷电冲击耐受电压，即基本绝缘水平 BIL 与电缆相同。

2. 合理的结构设计

终端和接头的结构符合电缆绝缘类型的特点，使电缆的导体、绝缘、屏蔽和护层这 4 个结构层分别得到延续，力求安装与维护方便。

3. 满足安装环境要求

电缆终端和接头满足安装环境对其机械强度与密封性能的要求。电缆终端的结构形式与电缆所连接的电器设备的特点必须相适应，设备终端和 GIS 终端具有符合要求的接口装置，其连接金具必须相互配合。户外终端具有足够的泄漏比距、抗电蚀与耐污闪的性能。

4. 符合经济合理原则

电缆终端和接头的各种组件和材料应质量可靠、价格合理。

（二）电缆终端的装置类型选择

（1）电缆与六氟化硫全封闭电器直接相连时，采用封闭式 GIS 终端。

（2）电缆与高压变压器直接相连时，宜采用封闭式终端，也可采用油浸终端。

（3）电缆与电器相连且具有整体式插接功能时，应采用插拔式终端，66kV 及以上电压等级电缆的 GIS 终端和油浸终端选择插拔式。

（4）除上述情况外，电缆与其他电器或导体相连时，采用敞开式终端。

（三）电缆终端构造类型选择

按满足工程所需可靠性、安装与维护方便和经济合理等因素确定，并符合下列规定：

（1）与充油电缆相连的终端应耐受可能的最高工作油压。

（2）与 SF_6 全封闭电器相连的 GIS 终端的接口应相互配合；GIS 终端具有与 SF_6 气体完全隔离的密封结构。

（3）在易燃、易爆等不允许有火种的场所电缆终端选用无明火作业的构造类型。

（4）220kV 及以上交联聚乙烯绝缘电缆选用的终端型式应通过该型终端与电缆连成整体的预鉴定试验考核。

（5）在人口密集区域、多雨且污秽或盐雾较重地区的电缆终端应有硅橡胶或复合式套管。

（6）66～110kV 交联聚乙烯绝缘电缆户外终端选用全干式预制型。

（四）电缆终端绝缘特性选择

电缆终端绝缘特性选择符合下列规定：

（1）终端的额定电压及其绝缘水平，不得低于所连接电缆额定电压及其要求的绝缘水平。

（2）终端的外绝缘必须符合安置处海拔、污秽环境条件所需爬电距离和空气间隙的要求。

（五）电缆终端的机械强度

电缆终端的机械强度满足安置处引线拉力、风力和地震力作用的要求。

（六）电缆接头的装置类型选择

电缆接头的装置类型选择符合下列规定：

（1）自容式充油电缆线路高差超过 GB 50217—2018《电力工程电缆设计标准》第 3.4.2 条的规定，且需分隔油路时，采用塞止接头。

（2）单芯电缆线路较长并以交叉互联接地的隔断金属套连接部位，除可在金属套上实施有效隔断及其他绝缘处理的方式外，应采用绝缘接头。

（3）电缆线路距离超过电缆制造长度，且除上述（2）情况外，一般采用直通接头。

（4）电缆线路分支接出的部位，除带分支主干电缆或在电缆网络中设置分支箱、环网柜等情况外，应采用 Y 形接头。

（5）三芯与单芯电缆直接相连的部位采用转换接头。

（6）挤塑绝缘电缆与自容式充油电缆相连的部位采用过渡接头。

（七）电缆接头构造类型选择

根据工程可靠性、安装与维护方便和经济合理等因素确定，并符合下列规定：

（1）海底等水下电缆采用无接头的整根电缆。条件不允许时，采用工厂制作的软接头；用于抢修的接头，除维持原钢铠层纵向连续且有足够的机械强度外，选用现场模注成型接头。

（2）在可能有水浸泡的设置场所，3kV 及以上交联聚乙烯绝缘电缆接头应具有外包防水层。

（3）在不允许有火种场所的电缆接头，不得选用热缩型。

（4）220kV 及以上交联聚乙烯绝缘电缆选用的接头，由该型接头与电缆连成整体的预鉴定试验确认。

（5）66～110kV 交联聚乙烯绝缘电缆线路可靠性要求较高时，不宜选用包带型接头。

（八）电缆接头的绝缘特性

电缆接头的绝缘特性符合下列规定：

（1）接头的额定电压及其绝缘水平不低于所连接电缆额定电压及其要求的绝缘水平。

（2）绝缘接头的绝缘环两侧耐受电压不低于所连接电缆护层绝缘水平的 2 倍。

（九）电缆终端、接头布置

电缆终端、接头布置满足安装维修所需间距，并符合电缆允许弯曲半径的伸缩节配置的要求，同时符合下列规定：

（1）终端支架构成方式利于电缆及其组件的安装；大于 1500A 的工作电流时，支架构造具有防止横向磁路闭合等附加发热措施。

（2）邻近电气化交通线路等对电缆金属套有侵蚀影响的地段接头设置方式便于检查维护。

三、电缆附件改善电应力集中的方法

（一）应力锥法

应力锥法称为几何形状法，是冷缩型和预制型附件中常用的方法。应力锥通过对绝缘屏蔽层的切断处进行延伸，使零电位形成喇叭状，改善了绝缘屏蔽层的电场分布，降低了电晕产生的可能性，减少了绝缘的破坏，保证了电缆的运行寿命。

电缆终端有无应力锥时的电应力分布见图 2-1。

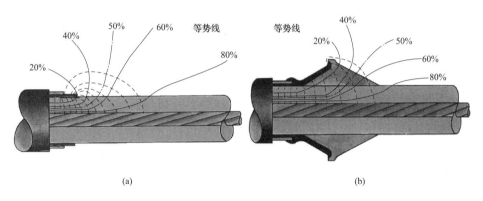

图 2-1　电缆终端有无应力锥时的电应力分布图

（a）无应力锥；（b）有应力锥

（二）应力管法（参数法）

应力管法称为参数法，它采用高介电常数的材料制成一定长度的应力管，与电缆末端屏蔽层搭接，覆盖在屏蔽层断口绝缘上，从而达到改善电场应力分布的效果。

应力管改善电缆终端电应力分布见图 2-2。

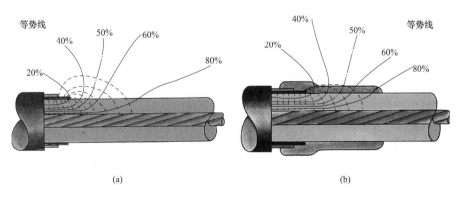

图 2-2　应力管改善电缆终端电应力分布图

（a）无应力管；（b）有应力管

23

第二节　高压电缆附件安装工艺

一、电缆附件安装导则

不同型式、不同生产厂家的附件，其安装工艺也各有不同，因此在安装前应该仔细阅读制造厂提供的产品安装说明书，按照制造厂规定的安装程序进行安装。

二、电缆附件的技术要求

1. 环境要求

（1）高压交联电缆附件安装要求有可靠的防尘装置。在室外作业，要搭建防尘棚，施工人员穿防尘服。

（2）环境温度应该高于0℃。如果达不到这一条件，应增加保暖措施。

（3）相对湿度低于70%。在湿度较大的环境中，应进行空气调节。

（4）施工现场保持通风。在电缆夹层、工作井等有限空间内施工，增加强制通风装置。

2. 精度较高的测量工具

交联电缆附件安装对精度要求比较高，在进行安装以前必须仔细阅读说明。特别对于预制式电缆附件允许偏差都在1～2mm，这就要求在施工的过程中特别注意剥切工艺和尺寸的把握，正确使用适当精度的测量工具。

3. 齐备的专用工具

交联电缆的附件安装必须配备专用工具。使用前要认真检查专用工具是否完好，以确保电缆附件的安装质量。

三、电缆附件安装的关键环节

电缆有导体、绝缘、屏蔽层和护层4个结构层。作为电缆线路组成部分的电缆终端、电缆接头，必须使电缆的4个结构层分别得到延续。总的来说，110kV及以上交联电缆附件，由于电压等级的提高和线路重要性的提高，技术上考虑更周全，技术要求和技术难度都上了一个等级，而不是简单的尺寸放大。一些在中电压等级的交联电缆附件中可以忽视的问题，在110kV及以上高电压等级时有可能成了关键的技术问题。因此，要安装和使用好110kV及以上交联电缆附件，必须知道和掌握它的特点。

为了电缆线路的安全运行，从附件安装的方面考虑，必须要求以下几个方面。

1. 绝缘界面的性能

在电缆附件的绝缘中有不少多种介质交界的地方，不同介质的交界面称为界面。可以把界面设想为很薄的一层间隙，两层绝缘材料表面是凹凸不平的，间隙中包含有不均匀散布的材料微小颗粒、少量水分、气体和溶剂等异物。这些因素加上外界压力的作用，使界面的绝缘性能低于材料本身的绝缘性能。电缆附件的电气参数随上述异物状况和外界条件的变化而变化。问题的严重性还在于这些界面往往处在电缆附件绝缘中高场强的位置，如中间接头的反应力锥（铅笔头）处、终端的应力锥根部等。

中低电压等级的交联电缆附件同样有界面问题，但是由于电场强度比较低，这个问题的严重性还不是很突出。在高压充油电缆的附件内，界面多为同种油纸绝缘材料组成并且经过真空干燥和真空浸渍处理，界面充满绝缘性能稳定的油膜，不再存在水分、气体等异物，因此，这个矛盾也不是很突出。在 110kV 及以上电压等级的高压交联电缆附件中，它就成了制约整个电缆附件绝缘性能的决定因素，成了电缆附件绝缘的最薄弱环节。尽管电缆附件绝缘设计时已经采取了适当裕度保证在正常安装后的使用，但是在安装时还必须特别注意电缆绝缘表面的处理和界面压力。

（1）电缆绝缘表面的处理。常规的电缆绝缘表面的处理方法是用刮刀、玻璃片等工具刮削后用砂纸抛光。对 110kV 及以上电压等级的高压交联电缆附件来说，电缆绝缘表面的超光滑处理是一道十分重要的工艺。图 2-3 给出了处理电缆绝缘表面所用砂纸目数与预制型电缆附件应力锥根部绝缘强度的关系。可见，处理电缆绝缘表面用的砂纸目数应该在 600号以上，至少不要采用低于 400 号的砂纸。这是由于处理用的砂纸目数会直接影响电缆绝缘表面的光滑程度。

（2）界面压力。高压交联电缆附件界面的绝缘强度与界面上所受的压紧力呈指数关系，如图 2-4 所示。由此可以看出界面压力的重要性。界面压力除了取决于绝缘材料特性外，还与电缆绝缘的直径的公差和偏心度有关。因此，提高压紧力能有效地提高界面的绝缘强度。不要简单地认为只要接头人员多使一点劲就可以提高界面压紧力了，在高压电力电缆附件制作过程中，必须严格按照工艺规程处理界面的压紧力。

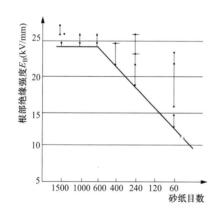

图 2-3　处理电缆绝缘表面所用砂纸目数
与预制型电缆附件应力锥根部绝缘强度的关系

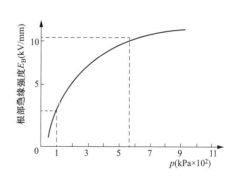

图 2-4　交联电缆附件界面的绝缘强度
与界面上所受的压紧力的关系曲线

2. 绝缘回缩问题

生产交联聚乙烯绝缘电缆时，电缆的绝缘内部会留有应力。该应力会使电缆导体附近的绝缘向绝缘体中间呈收缩的趋势。当切断电缆时，就会出现电缆绝缘逐渐回缩和露出线芯的现象。这种电缆绝缘内的应力会随时间而缓慢地自行消除，但是往往需要很长时间才能全部消失。仅有制作油纸电缆附件经验的接头工作人员通常对这一问题认识不够，在制作高压交联聚乙烯电缆附件时，必需认真对待绝缘回缩问题。图 2-5 列举了一个高压电缆中间接头在发生绝缘回缩问题后造成的后果。从图 2-5 中的示意可以看到，一旦电缆绝缘

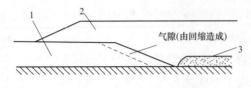

图 2-5　电缆中间接头由于绝缘回缩造成气隙
1—电缆绝缘；2—接头绝缘；3—导体连接管

回缩后，中间接头中就产生了能导致中间接头致命的缺陷——气隙。在高电场作用下，气隙很快会产生局部放电，导致中间接头被击穿。因此，在高压电缆附件制作过程中，必须做好电缆加热校直工艺，确保消除上述应力与电缆的笔直度。

3. 防水和防潮

高压交联电缆一旦进水，在长期运行中电缆绝缘内部会形成"水树枝"现象，从而使交联聚乙烯绝缘性能下降，最终导致电缆绝缘击穿。交联电缆进潮的主要路径之一是从电缆附件进潮或进水。电缆附件的密封，一般说来总是比电缆本体差一点。潮气或水分一旦进入电缆附件后，就会从绝缘外铝护套的间隙或从导体的间隙纵向渗透进入电缆，从而危及整条电缆线路。因此，在安装电缆附件时应该十分注意防潮，对所有的密封部件必须认真安装。需要特别指出的是，在直埋敷设和可能被水浸泡场所的中间接头，必须有防水外壳。

四、高压交联电缆终端与中间接头的基本工艺

（一）准备工作

高压交联聚乙烯电缆终端和接头安装对环境有特殊要求。施工现场必须有可靠的防尘措施，要有接头工作棚。环境温度应高于0℃，相对湿度应低于70%。所有零部件和工具，应用合适的溶剂擦干净并用清洁的保鲜膜包好。然后，按工艺尺寸对电缆进行加热校直。

（二）材料准备

（1）按产品装箱单检查零部件是否齐全、有无损伤或缺陷。特别是应力锥、O形密封圈及与O形密封圈的所有接触表面不能有损伤或缺陷。

（2）除整套终端及其附带的材料外，安装时还需准备下列材料：

1）清洁、干燥、不褪色、不掉毛的棉制或丝制抹布。

2）塑料薄膜，以保护电缆绝缘。

3）用于电缆上作标记的PVC带，最好为红色。

4）耐腐蚀的螺栓润滑剂。

（3）各零部件的安装尺寸符合制造厂提供的图纸要求。

（三）技术要求

（1）熟悉安装工艺资料，了解工艺步骤的基本程序。在工艺图纸上对尺寸表述不明确，或者要换算的，还必须预先进行测量和计算。如果是英制尺寸的则要进行换算，并且部分厂家的工艺也要求对相应的安装尺寸进行计算。

（2）对于一些新产品或者结构复杂的附件材料，建议必要时应进行试装配，从而减少安装的失误和缩短安装时间。

（3）安装前，搭建好安装平台和工作棚架。工作房必须具备防水、防潮、防尘等措施。安装关键工序时，中间接头一般要求相对湿度不宜高于60%，终端头相对湿度为75%及以下，周围温度应超过 5℃。

（4）电缆中间接头和终端头安装时必须留有一定的裕度。因为电缆在敷设过程中，由于电缆末端长时间受拉力影响，会出现变形或者破损的情况，因此，电缆末端是不能作为安装部分的，必须离电缆末端多出至少 1.5m 以上。

（5）施工人员应持证上岗，并进行施工技术交底。

（四）操作步骤及工艺流程

1. 工器具准备

（1）配备足够有效的安装工具，特别是一些特殊工艺的安装机具，如预制件扩张机、包带机、硫化等设备。

（2）高压电缆附件安装所需的个人用品（如手套、螺丝刀、扳手等）。

2. 开线、加温处理

（1）剥开电缆外护层时，用火不能太猛，时间不宜过长，否则会使金属护套受热变形，损伤电缆内部结构。

（2）对电缆进行校直加温必须按照工艺绕包方法和要求的温度、时间，一般为 80℃/3h，并保证有足够的冷却时间，一般为 4h 以上。

（3）新敷设电缆或未投运过的电缆必须进行加温校直，固定夹中心与电缆的轴心同轴。

3. 绝缘体打磨

（1）在剥切电缆三层共挤时，注意用刀不应损伤线芯和保留的绝缘层。剥去线芯外的三层共挤绝缘体。

（2）绝缘屏蔽末端的过渡斜面严禁用半导电刀或绝缘剥削刀，只能用玻璃刀或专用刨刀小心刮削，不允许有凹坑或台阶，在过渡斜面范围要求十分光滑、平整。

（3）打磨砂纸必须依次从粗到细，打磨半导电层的砂纸不能打磨绝缘体。

（4）绝缘体打磨后外径必须满足尺寸要求，在垂直的两个方向直径误差不能太大，必须与预制件有紧密的配合。

4. 接线管压接

（1）选用合适的压接机和压接工模。压接机和压接工模都有规格范围，按照电压等级和电缆截面，选用相应规格的压接机和压接工模。

（2）电缆线芯连接前，套入安装所需附件，并除去线芯和连接管内壁油污及氧化层，必要时用细砂纸打磨一下线芯压接部分，使线管压接后，有良好的电气连接，减少接触电阻。

（3）压接时，压接机出力应至规定压力值，上下两半压接模具必须到位且充分贴紧。

（4）线管的压接面长需压接多次，每次压接面重叠 1/3，并保持压接面形状的连贯。

（5）可通过线管压接前后的直径变化和伸长量，计算压接比是否符合要求。

（6）压接后将端子或连接管上的凹痕修理光滑，不残留毛刺。

5. 组装

(1) 中间接头组装。

1) 套入预制件前仔细检查电缆绝缘表面是否光滑平整、零部件是否全部套入、尺寸是否准确、标记是否做对、紧固金具是否已套入密封圈。

2) 接线管压接前，先套入已扩张的预制件，放置在长边电缆一侧，并作临时保护。

3) 组装前应保持现场干净卫生，对电缆和整体预制橡胶绝缘件进行清洁和干燥，对扩张类的预制件要控制安装时间，以免使预制件扩张疲劳。

4) 接线管压接后，安装线管屏蔽罩时，要求其外径与电缆绝缘外径尺寸相匹配，过渡位置不能有台阶。

5) 由于附件材料有绝缘带、半导电带和金属带，必须加以区分，绕包时应当明确绕包的范围和绕包层数。进行半导电屏蔽绕包处理时，应明确绝缘接头与直线接头的区别，不能将导电带类绕包至要求绝缘的地方。

6) 各带类绕包时，根据不同的带质适当进行拉紧，并采用半压包方式，尽量使带层之间不留空隙，绕包后要求用剪刀剪断。

7) 预制件作为改善电缆绝缘屏蔽断口电场分布的重要部件，其安装位置和尺寸必须严格控制，不能有丝毫误差。这是直接影响安装质量的关键。

8) 保护壳安装时应满足以下要求：

a. 各部件间的配合或搭接处必须采取堵漏、防潮和密封措施，铅包电缆铅封时应擦去表面氧化物；搪铅时间不宜过长，铅封必须密实无气孔。

b. 保护壳内需要灌入绝缘混合物时，若空气湿度大或者混合物内有水分，须采取措施进行去潮处理。

c. 保护壳套入热缩管进行热缩时，火焰应沿圆周方向均匀摆动向前收缩，垂直方向的热缩管应从下往上收缩，水平方向的热缩管应从中间向两端收缩。

d. 选用符合设计要求规格的接地线，并可靠连接到保护壳上，保护壳与铝护套连接。

e. 外保护壳应有良好的防水密封性能，安装应密封良好。

f. 接地箱应放置于接头附井内，将接地线可靠连接到地网上，并采用防盗的铸铁盖板，便于安装和运行检修。

(2) 终端头组装。

1) 应力锥安装时，保持现场干净卫生，对电缆和应力锥进行清洁和干燥，并确认应力锥是否符合电缆绝缘外径尺寸。

2) 套入应力锥前仔细检查电缆绝缘表面是否光滑平整、零部件是否全部套入、尺寸是否准确、标记是否做对、紧固金具是否已套入密封圈。

3) 由于附件材料带类较多，必须区分绝缘带、半导电带或金属带，进行半导电屏蔽处理绕包时必须明确绕包的范围、顺序和绕包层数，不能将导电带类绕包至要求绝缘的地方。

4) 各带类绕包时，根据不同的带质适当进行拉紧，并采用半压包方式，尽量使带层之间不留空隙，能较好地粘连，绕包后要求用剪刀剪断。

5）应力锥作为改善电缆绝缘屏蔽断口电场分布的重要部件，其安装位置和尺寸必须严格控制，不能有丝毫误差，这是直接影响安装质量的关键。

6）套管金具组装应满足以下要求：

a. 安装带有弹簧机构的应力锥托时，螺栓要均匀拧紧，对角逐次拧到工艺要求的尺寸位置。

b. 进行尾管密封处理时，严格按工艺要求依次绕包，热缩管进行热缩时，火焰应沿圆周方向均匀摆动向前收缩，垂直方向的热缩管应从下往上收缩，水平方向的热缩管应从中间向两端收缩。

c. 套管内需要灌入绝缘混合物时，若空气湿度大，或者混合物内有水分，就算工艺里没有要求进行加温，也必须采取措施进行去潮处理。

d. 套管中注入混合物时，必须严格按工艺明确相应气温下注入绝缘混合物的尺寸要求。

e. 选用符合设计要求规格的接地线，并可靠连接到地网上。接地箱应有较强的防水密封性能，接地线接入箱的管口应绕包防水带。

6. 交叉互联箱安装

（1）同轴线连接。

1）根据互联箱安装位置和各相接头井内位置，测量并尽量缩短同轴线长度，对于 1.2/50s 冲击耐受电压水平，同轴线长度不超过 10m。

2）剥除同轴线两端内外护层时，断口应该平整，并刮去外护层及内护层的导电层。

3）外屏蔽铜线不能有断股，并用绝缘带半压绕包导线裸露部分 3～4 层，使其绝缘满足 10kV 直流耐压水平。

4）压接同轴线内外导线时，选择合适的连接管和压接工模，采用围压方式，并打磨压接棱角和绕包绝缘带。

5）进行多组绝缘接头安装时，应严格统一在同一线路上的接头同轴线的芯线和屏蔽线分别连接在各相、各组绝缘接头的对应侧，即可以统一设定同轴线的铜屏蔽线连接在各绝缘接头靠线路电源一侧的端子上，芯线连接在负荷侧端子上；或者反之。

（2）连接板安装。

1）在互联箱接入同轴线的端口处标上所连接绝缘接头的相序，并检查箱内的各连接板是否有足够的绝缘间距。

2）对于可拆卸连接板的互联箱，要求在箱内张贴绝缘接头金属护层相序跳线的示意图，并严格统一同一线路上各互联箱连接板的相序连接，即可以统一设定 A 相同轴线芯线端子连接 B 相屏蔽线端子，B 相芯线端子连接 C 相屏蔽线端子，C 相芯线端子连接 A 相屏蔽线端子。

3）安装连接板时，应使用力矩扳手拧紧固定螺栓，同时还要进行接触电阻测试，其阻值不应大于 20Ω。

（3）防水处理。

1）同轴线外径与互联箱入口尺寸不能相差太大，一般小于 20mm，并在该处绕包绝缘带、防水带，并套上热缩管热缩进行防水密封。

2）互联箱盖必须有完好的防水密封胶垫，不能有折叠和缺角，上紧箱盖螺栓时，应平整好胶垫。

3）若设计要求互联箱内须注入防水混合物时，混合物须加热除潮。注入互联箱内时，不能覆盖连接板。

4）互联箱应安装在独立的工作井内，便于运行后的检修维护，工作井面盖上铸铁盖并有防盗装置。

五、高压电缆户外终端附件安装步骤

工艺流程如图 2-6 所示，户外终端结构如图 2-7 所示。

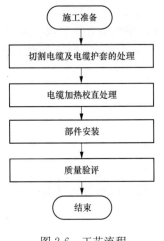

图 2-6　工艺流程

1. 操作步骤及工艺要求

（1）电缆终端施工应由经过专业培训的熟悉本型号终端安装工艺的技能人员进行。

（2）电缆终端施工前，应做好施工用工器具检查，确保施工用工器具齐全完好，便于操作，状况清洁，确保压接模与导体出线杆相匹配。

（3）安装电缆终端前，应做好施工用电源及照明检查，确保施工用电源与照明设备符合相关安全规程，能够正常工作。

（4）安装电缆终端前，检查电缆，并符合下列要求：

1）电缆绝缘状况良好，无受潮。电缆绝缘偏心度满足标准要求。

2）电缆相位正确，护层绝缘合格。

（5）安装电缆终端前，检查电缆附件材料，并符合下列要求：

1）电缆附件型号、规格与电缆相匹配。检查货箱在运输过程中是否有损伤。开箱时，按安装指导书中所附的材料清单核实各零部件，并检查是否在运输过程中受损伤。

2）绝缘材料不应受潮。密封材料不得失效，壳体结构附件应预先组装，内壁清洁。结构尺寸符合工艺要求。

3）各类消耗材料齐备。清洁绝缘表面的溶剂遵循工艺要求准备齐全。

4）必要时进行附件试装配。

（6）施工现场具备安装工艺图纸、施工方案、施工组织设计、作业指导书等。

（7）终端支撑结构定位安装完毕，确保作业面水平。检查支撑结构是否有足够的空间安装电缆尾管，支撑支柱绝缘子的上下表面平行。

（8）安装电缆终端前，需搭制临时脚手架，布置好作业现场围栏，并配备链条葫芦等起吊工具。

2. 电缆固定、切割及电缆护套的处理

（1）将电缆固定在电缆终端支架内，调整完毕后，用电缆夹具固定到安装支架上。确保终端底部离尾管 2m 内牢靠地固定，且电缆固定点到终端底部尾管间电缆不得有弯曲。

（2）电缆终端安装电缆引下线时，电缆弯曲半径不宜小于 20 倍电缆外径。

（3）检查电缆长度，确保电缆在制作终端时有足够的长度和适当的余量。根据工艺图纸要求确定电缆最终切割位置后切断。

（4）根据工艺图纸要求确定电缆外护层剥除位置，将剥除位置以上部分的电缆外护层剥除。如果电缆外护层附有涂敷石墨或挤包半导电层，则应将石墨或半导电层去除干净无残余，去除长度符合工艺要求，并用 2500V 绝缘电阻表测量绝缘电阻，应不小于 50MΩ。

（5）根据工艺图纸要求确定金属套剥除位置，剥除金属套符合下列要求：

1）金属套切口深度必须严格控制，严禁损坏电缆绝缘屏蔽。

2）进行断口处理，去除尖口及残余金属碎屑。

3）切割后的金属套扩张成喇叭口状。

（6）金属套表面处理完毕后，在工艺要求的部位进行搪底铅。封铅应控制好温度与时间，不应伤及电缆绝缘。

（7）在最终切割标记处沿电缆轴线垂直切断，要求导体切割断面平直。如果电缆截面较大，可先去除一定厚度电缆绝缘，直至适当位置后再沿电缆轴线垂直切断。

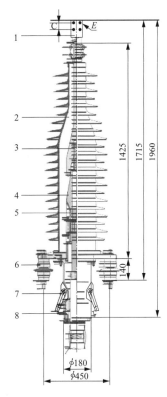

图 2-7 户外终端结构

1—出线金具；2—绝缘主体；3—接线柱；
4—应力锥；5—锥托；6—支撑绝缘子；
7—压封式尾管；8—尾部密封组件

（8）用钢丝刷或砂纸打磨铝套表面，用铝焊条打底，用镀锡扎线把若干根镀锡铜编织带扎在金属套上，最后用焊条焊接；对于全预制十式终端，可选择用焊条将接地线焊接在金属套上。焊接后，接触面与金属套端口缠绕 PVC 带加以保护。焊接时，应控制好温度，避免损伤电缆外屏蔽及绝缘。

3. 电缆加热校直处理

（1）交联聚乙烯绝缘电缆终端安装前应进行加热校直，典型的带屏蔽网或波纹金属套的电缆都在割除外护套和金属套之后进行加热校直。带有铅套和（或）金属带的电缆可在剥除金属套之前加热校直，此类电缆如带有薄层外护套，可在剥除外护套前加热校直。加热时，用软衬垫将电缆和加热带之间垫实。

（2）通过加热校直后达到下列工艺要求：每 600mm 长，弯曲偏移不大于 2mm。热校直工艺要求如图 2-8 所示。

（3）加热校直的温度（绝缘屏蔽处）控制在 75℃±2℃，加热至以上温度后，保持 4～6h，然后将电缆置于两笔直角钢（或木板）之间并适当夹紧，自然冷却至环境温度，冷却时间至少 8h，如图 2-9 所示。

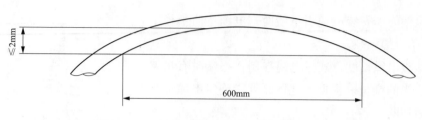

图 2-8　热校直工艺要求

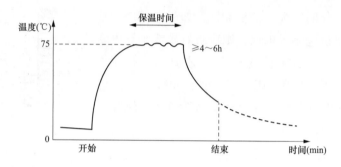

图 2-9　电缆加热校直处理典型温度控制曲线

（4）整个电缆加热校直处理过程中电缆绝缘屏蔽上不应有任何凹痕。

4. 绝缘处理

（1）按照供应商提供的装配图确定绝缘、绝缘屏蔽等安装尺寸。

（2）可用专用切削工具或玻璃去除电缆绝缘屏蔽，不得在电缆主绝缘上留下刻痕或凹坑。

（3）绝缘屏蔽与绝缘层间形成光滑过渡，绝缘屏蔽断口峰谷差按照工艺要求执行，如未注明建议控制在不大于 5mm。

（4）电缆绝缘表面进行打磨抛光处理，先用粗砂纸，后用细砂纸打磨，直到打磨掉电缆主绝缘上所有的不平缺陷或凹痕。最后用细砂纸抛光电缆主绝缘表面。110kV 以下应采用 240～600 号及以上砂纸，110kV 及以上电缆尽可能使用 600 号及以上砂纸，最低不低于 400 号砂纸。初始打磨时可使用打磨机或 240 号砂纸进行粗抛，并按照由小至大的顺序选择砂纸进行打磨。打磨时每一号砂纸从两个方向打磨 10 遍以上，直到上一号砂纸的痕迹消失。打磨电缆半导电层的砂纸不得用于打磨电缆绝缘，电缆主绝缘表面抛光处理如图 2-10 所示。

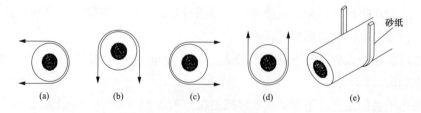

图 2-10　电缆主绝缘表面抛光处理

（a）处理右表面；（b）处理上表面；（c）处理左表面；（d）处理下表面；（e）处理示范

（5）打磨抛光处理的重点部位是安装应力锥的部位，用砂纸打磨时应绝对避免半导电颗粒嵌入电缆主绝缘内，可以用PVC带在绝缘与绝缘屏蔽的过渡区用半重叠绕包的方法进行防护。

打磨处理完毕后应测量电缆绝缘外径。测量时应多选择几个测量点，每个测量点在垂直两个方向测两次，确保绝缘外径达到工艺图纸所规定的尺寸范围，测量完毕再次打磨抛光测量点去除痕迹，如图2-11所示。

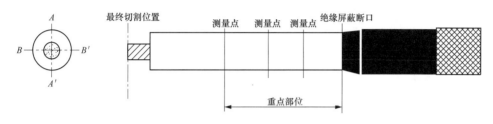

图 2-11　电缆主绝缘表面直径测量图

（6）必要时或供应商工艺规定时，可以用热气枪处理已经用砂纸打磨的电缆绝缘层以获得更光滑的表面。

（7）绝缘处理完毕，及时用工艺规定的清洗剂清洁电缆，并用洁净的塑料薄膜覆盖绝缘表面，防止灰尘和其他污染物黏附。

5. 含绝缘填充剂终端的安装

（1）应力锥安装。

1）安装应力锥前确保电缆已经固定牢靠，保证安装应力锥时电缆不会上下移动。

2）根据产品安装图纸的规定标记尺寸。

3）确保应力锥内表面无任何污染物，应力锥的内表面均匀涂抹必要的润滑剂。

4）安装应力锥前应以正确的顺序把以后要装配的终端尾管、密封圈等部件套入电缆。

5）套装应力锥时做好应力锥内表面防护措施。

6）用手工或专用工具套入应力锥，应力锥安装到位后清除应力锥末端多余润滑剂。

7）做好相应的检查措施，确保电缆在应力锥安装过程中没有发生滑移。

（2）套管安装与充油。

1）套管安装前，检查型号、尺寸、外观，清洁内外表面，去潮。终端绝缘套管与底座法兰采用螺栓连接，螺栓力矩依照制造厂规定。密封工艺到位。

2）锥托、弹簧压紧装置按供应商工艺要求安装。

3）对充油终端，气温较低时，如有必要，对油进行加热，待油温均匀并达到所需要温度时再充油，充油至规定油位。

4）安装屏蔽罩并确保屏蔽罩密封圈到位。

6. 连接出线杆

（1）压接前检查一遍各零部件的数量、方向有无缺漏，安装顺序是否正确。确认导体尺寸、压模尺寸和压力要求，按工艺图纸要求，准备压接模具和压接钳，按工艺要求的顺序压接导体。压接完毕后，要求检查压接延伸度和导体有无歪曲现象。压接完毕后对压接部位进行处理，压接部位不得存在尖端和毛刺。

（2）导体连接方式采用机械压力连接方法，建议采用围压压接法。采用围压压接法进行导体连接时应满足下列要求：

1）压接前检查核对连接金具和压接模具，选用合适的出线杆、连接管压接模具、钳头和压泵。

2）压接前清除导体表面污迹与毛刺。

3）压接时导体插入长度充足。

4）压接顺序参照 GB/T 14315—2008《电力电缆导体用压接型铜、铝接线端子和连接管》附录 C 的要求。

5）围压压接每压一次，在压模合拢到位后停留 10～15s，使压接部位金属塑性变形达到基本稳定后，才能消除压力。

6）在压接部位，围压形成的边各自在同一个平面上。

7）压缩比控制在 15%～25%。

8）分割导体分块间的分隔纸（压接部分）在压接前去除。

9）围压压接后，对压接部位进行处理。压接后连接金具表面光滑，并清除所有的金属屑末、压接痕迹。压接后连接金具表面不应有裂纹和毛刺，所有边缘处没有尖端，电缆导体与线端子笔直，无翘曲。

7. 密封、接地与收尾工作

（1）户外终端尾管与金属套进行接地连接时采用封铅方式或采用接地线焊接等方式。

（2）户外终端密封采用封铅方式或采用环氧混合物/玻璃丝带等方式。

（3）采用封铅方式进行接地或密封时，应满足以下技术要求：

1）封铅与电缆金属套和电缆附件的金属套管紧密连接，封铅致密性良好，没有杂质和气泡，且厚度不小于 12mm。

2）封铅时不损伤电缆绝缘，掌握好加热温度，封铅操作时间尽量缩短。

3）圆周方向的封铅厚度均匀，外形光滑、对称。

（4）户外终端尾管与金属套采用焊接方式进行接地连接时，跨接接地线截面满足设计要求。

（5）采用环氧混合物/玻璃丝带方式密封时满足工艺要求。

（6）安装终端接地箱/接地线时，接地线与接地端子的连接采用机械压接方式，接地线端子与终端尾管接地铜排或接地线的连接采用螺栓连接方式。

（7）同一变电站内、同一终端塔上同类终端的接地线布置统一，接地线排列固定，终端尾管接地铜排或接地线的方向统一，且为运行维护工作提供便利。

（8）采用带有绝缘层的接地线将终端尾管通过终端接地箱与电缆终端接地网相连，接地线的固定与走向符合设计要求，且整齐、美观。

（9）终端引上电缆如需穿越楼板，做好电缆孔洞的防火封堵措施。一般在安装完防火隔板后，可采用填充防火包、浇注无机防火堵料或包裹有机防火堵料等方式。终端金属尾管宜有绝缘措施，且接地线鼻子不被包覆在上述防火封堵材料中。

（10）终端接地连接线尽量短，连接线截面满足系统单相接地电流通过时的热稳定要求，连接线的绝缘水平不小于电缆外护层的绝缘水平。

8．质量验评

根据工艺和图纸要求，及时做好现场质量检查、终端制作安装记录表填写工作。要求电缆终端安装强化过程监控，确保终端安装质量。

六、高压电缆中间接头附件安装步骤

（一）工艺流程

工艺流程如图 2-12 所示。

（二）操作步骤及工艺要求

1．一般规定和准备工作

（1）电缆接头施工应由经过培训、熟悉工艺的人员进行。

（2）安装电缆接头前，做好施工用工器具检查，确保施工用工器具齐全完好，便于操作，状况清洁。

（3）安装电缆接头前，做好施工用电源及照明检查，确保施工用电源及照明设备能够正常工作。

（4）安装电缆接头前，检查电缆，并符合下列要求：

1）电缆状况良好，无受潮。电缆绝缘偏心度满足标准要求。

2）电缆相位正确，外护套耐压试验合格。

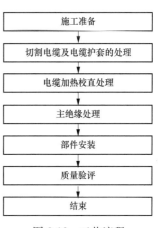

图 2-12　工艺流程

（5）安装电缆接头前，检查电缆附件材料，并符合下列要求：

1）电缆接头规格与电缆一致，零部件齐全无损伤，绝缘材料不得受潮。壳体结构附件预先组装，内壁清洁，结构尺寸符合工艺要求。

2）各类消耗材料齐备。清洁绝缘表面的溶剂遵循工艺要求、准备齐全。

3）接头支架定位安装完毕，确保作业面水平。

（6）电缆接头安装现场作业指导书、附件装配图纸齐全。

2．切割电缆及电缆护套的处理

（1）先将电缆临时固定于运行位置，做好接头中心位置标记，再将电缆移至临时施工位置，并固定。

（2）检查电缆长度，确保在制作电缆接头时有足够的长度和适当的余量。根据工艺图纸要求确定电缆最终切割位置。

（3）根据工艺图纸要求确定的位置剥除电缆外护层后，将接头施工范围内的外护层表面半导电层处理干净。

（4）根据工艺图纸要求确定金属套剥除位置，剥除金属套时应严格控制切口深度，严禁切口过深而损坏电缆内部结构，金属套断口应进行处理以去除尖口及残余金属碎屑。

3. 电缆加热校直处理

（1）电缆接头安装前应对安装接头部分的电缆进行加热校直，并达到下列工艺要求：每 600mm 长度，弯曲偏移应不大于 2mm，如图 2-8 所示。

（2）加热校直的温度控制在 75℃±3℃，保温时间大于 4h 或按工艺要求。采用校直管校直后，自然冷却至常温。

4. 绝缘处理

（1）按照接头供应商提供的尺寸确定绝缘、绝缘屏蔽的长度。

（2）采用专用的切削刀具或玻璃去除电缆绝缘屏蔽，绝缘层屏蔽与绝缘层间形成光滑过渡，过渡部分锥形长度控制在 20～40mm，绝缘屏蔽断口峰谷差按照工艺要求执行，如未注明控制在小于 10mm。

（3）如接头供应商另有工艺规定，严格按照工艺指导书操作。

（4）电缆绝缘处理前测量电缆绝缘以及预制件尺寸，确认上述尺寸是否符合工艺图纸要求。

（5）对电缆绝缘表面进行打磨抛光处理，一般采用 240～600 号及以上砂纸，110kV 及以上电缆尽可能使用 600 号及以上砂纸，最低不低于 400 号砂纸。初次打磨可使用打磨机或 240 号砂纸进行粗抛，并按照由小至大的顺序选择砂纸进行打磨。打磨时每一号砂纸从两个方向打磨 10 遍以上，直到上一号砂纸的痕迹消失（如图 2-10 所示）。打磨过绝缘屏蔽的砂纸禁止再用来打磨电缆绝缘。

（6）如附件供应商另有抛光工艺要求，按工艺执行。

（7）打磨处理后应测量绝缘表面直径。测量时至少选择 3 个测量点，每个测量点在同一平面至少测两次，确保绝缘表面的直径达到设计图纸所规定的尺寸范围，测量完毕再次打磨抛光测量点，去除痕迹，如图 2-11 所示。

（8）打磨抛光处理完毕后，绝缘表面的粗糙度（目视检测）按照工艺要求执行，如未注明宜控制在 110kV 电压等级不大于 $300\mu m$，220kV 电压等级不大于 $100\mu m$，现场可用平行光源进行检查。

（9）绝缘处理完毕后，用工艺规定的清洁剂清洁绝缘表面，并及时用洁净的塑料薄膜覆盖绝缘表面，防止灰尘和其他污染物黏附。

5. 安装绝缘预制件

（1）保持电缆绝缘的干燥和清洁。

（2）施工过程中避免损伤电缆绝缘。

（3）清除处理后的电缆绝缘表面上所有半导电材料的痕迹。

（4）涂抹硅脂或硅油时，使用清洁的专用手套。

（5）在准备扩张时，方可打开预制橡胶绝缘件的外包装。

（6）在套入预制橡胶绝缘件之前应清洁粘在电缆绝缘表面上的灰尘或其他残留物，清洁方向分别由绝缘层朝向绝缘屏蔽层和绝缘层朝向导体。

（7）组合预制绝缘件接头安装技术要求如下：

1）检查弹簧紧固件与应力锥是否匹配。

2）先套入弹簧紧固件，再安装应力锥。

3）在电缆绝缘、绝缘屏蔽层和应力锥的内表面上涂上硅油。

4）安装完弹簧紧固件后，保证弹簧压缩长度在工艺要求的范围内。

5）检查弹簧所在螺栓是否有阻碍弹簧自由伸缩的部件。

（8）整体预制绝缘件接头安装技术要求如下：

1）预制式接头要求交联聚乙烯电缆绝缘的外径和预制橡胶绝缘件的内径之间有满足工艺规定的过盈配合，安装预制绝缘件接头宜使用专用的扩张工具或牵引工具。

2）扩张方式包括工厂预扩张与现场扩张。工厂预扩张是在工厂内将预制橡胶绝缘件扩张，内衬以塑料衬管，安装时将衬管抽出。现场扩张有机械扩张和氮气扩张两种方式，机械扩张是在干净无灰尘的环境下对预制橡胶绝缘件进行扩张，宜采用专用的机械扩张工具和专用衬管进行扩张。安装时采用专用收缩工具或牵引工具将预制橡胶绝缘件抽出套在电缆绝缘上；氮气扩张通过专用的扩张工具，在电缆绝缘和预制橡胶件的界面充入一定压强的高纯氮气，将预制橡胶绝缘件扩张。安装时，预制橡胶绝缘件就位后通过放气工具将界面的氮气排出。

3）机械扩张时，预制橡胶绝缘件经过扩张后套在专用衬管上的时间不超过 4h。预制橡胶绝缘件的扩张必须在工艺要求的温度范围内进行。

4）现场扩张方式采用的专用扩张工具和专用衬管必须用无水酒精或其他合适的溶剂仔细擦净，并用电吹风吹干。专用衬管的外表面清洁、光滑、无毛刺，专用衬管的使用次数按照工艺要求加以控制。

5）扩张时按照工艺要求在预制橡胶绝缘件内表面及专用衬管外表面涂抹一定标号的硅油或硅脂以减少界面间的摩擦。

6）经过扩张的预制件在套至电缆绝缘上之前采用塑料薄膜与外界隔离，并注意在预制橡胶绝缘件扩张前后仔细检查预制件表面，预制橡胶绝缘件表面应无异物、无损坏且无进潮。

6. 导体连接（压接连接管）

（1）导体连接前将预制橡胶绝缘件、接头铜盒、热缩管材等部件按照工艺要求的顺序预先套入电缆，并确认同轴电缆连接方向正确，同轴电缆长度足够。

（2）导体连接方式宜采用机械压力连接方法，如采用压缩连接，应采用围压压接法。接头如供应商有特殊工艺要求按照工艺执行。

采用围压压接法进行导体连接时满足下列要求：

1）压接前检查核对连接金具和压接模具，选用合适的接线端子、压接模具和压接机。

2）压接前清除导体表面污迹与毛刺。

3）压接前检查两端电缆是否在一直线上。

4）压接时导体插入长度满足工艺要求。

5）压接顺序可参照 GB/T 14315—2008《电力电缆导体用压接型铜、铝接线端子和连接管》附录 C 的要求。

6）压接前，检查压接管的平直度。围压压接每压一次，在压模合拢到位后停留 10～15s，使压接部位金属塑性变形达到稳定。压接完成后，确认接管延伸的长度符合工艺要求。

7）在压接部位，围压形成的边各自在同一个平面上。

8）压缩比控制在 15％～25％。

9）分割导体分块间的分隔纸（压接部分）在压接前去除。

10）围压压接后，对压接部位进行处理。压接后对连接金具表面进行清洁和光滑处理。

7．带材绕包

带材绕包根据接头型式的不同，按照工艺要求恢复外半导电屏蔽层，注意绝缘接头和直通接头的区别。

8．接地与密封收尾处理

（1）接头尾管与金属套进行接地连接时采用封铅方式或采用接地线焊接等方式。

（2）接头密封采用封铅方式或采用环氧混合物/玻璃丝带等方式，接头运行在可能浸水的情况时采用封铅方式。

（3）采用封铅方式进行接地或密封时，满足以下技术要求：

1）封铅应与电缆金属套和电缆附件的金属套管紧密连接，封铅致密性良好，不应有杂质和气泡，且厚度不小于 12mm。

2）封铅时不应损伤电缆绝缘，掌握好加热温度，封铅操作时间尽量缩短。

3）圆周方向的封铅厚度均匀，外形光滑、对称。

（4）中间接头尾管与金属套采用焊接方式进行接地连接时，跨接接地线截面满足系统短路电流通流要求。

（5）采用环氧混合物/玻璃丝带方式密封时满足工艺要求。

（6）灌注浇注剂时，浇注均匀、充实，在浇注剂固化后再补灌一次。

（7）接头牢靠固定在接头支架上，接头两侧至少各有两副刚性固定夹具，直埋电缆接头安放平直，衬垫土平整，接头加装机械保护盒。

（8）接头收尾工作满足以下技术要求：

1）安装交叉互联换位箱及接地箱/接地线时，接地线与接地线端子的连接采用机械压接方式，接地线端子与接头铜盒接地铜排的连接采用不锈钢或热镀锌防腐螺栓连接方式。

2）同一线路同类接头的接地线或同轴电缆布置统一，接地线排列及固定、同轴电缆的走向统一，易于维护。

3）电缆接头接地连接线尽可能短。

七、高压电缆 GIS 终端附件安装步骤

高压一次设备通常有两种结构型式，一种是敞开式结构，另一种是封闭式结构（即GIS），为此配套的电缆终端也分敞开式和封闭式两种。如果室内设备是敞开式，电缆终端通常采用户外终端来连接设备；如果室内设备是封闭式，通常采用 GIS 终端。

110kV XLPE 电缆封闭式终端头干式 GIS 终端图如图 2-13 所示，110kV XLPE 电缆封闭式终端头湿式 GIS 终端结构如图 2-14 所示。

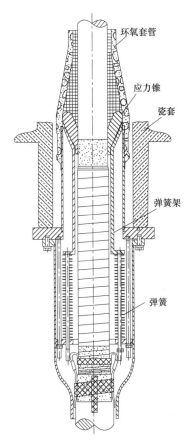

图 2-13 110kV XLPE 电缆封闭式终端
头干式 GIS 终端图

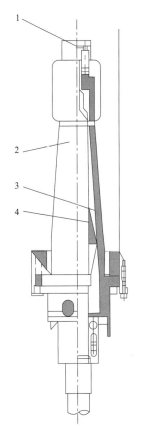

图 2-14 110kV XLPE 电缆封闭式终端头
湿式 GIS 终端结构

1—导体引出杆；2—环氧树脂套管；

3—绝缘油；4—橡胶预制应力锥

110kV 及以上交联聚乙烯绝缘电力电缆终端的增强绝缘部分（应力锥）一般采用预制橡胶应力锥型式。增强绝缘的关键部位是预制件与交联聚乙烯电缆绝缘的界面，主要影响因素有界面的电气绝缘强度、交联聚乙烯绝缘表面清洁程度、交联聚乙烯绝缘表面光滑程度、界面压力、界面间使用的润滑剂。

110V 交联聚乙烯绝缘电力电缆终端应力锥结构一般采用以下型式：

（1）干式终端头结构即弹簧紧固件-应力锥-环氧套管结构。在终端头内部采用应力锥和环氧套管，利用弹簧对预制应力锥提供稳定的压力，增加了应力锥对电缆和环氧套管表面的机械压强，从而提高了沿电缆表面击穿场强。环氧套管外的瓷套内部仍需添加绝缘填充剂。

（2）湿式终端头结构即绕包带材-密封底座-应力锥结构。在终端头内部采用应力锥和密封底座，利用绕包带材保证绝缘屏蔽与应力锥半导电层的电气连接和内外密封，终端内部灌入绝缘填充剂如硅油或聚异丁烯。电缆在运行中绝缘填充剂热胀冷缩，为避免终端头套管内压力过大或形成负压，通常采用空气腔、油瓶或油压力箱等调节措施。

（一）技术要求

1. 应力锥装配一般技术要求

（1）保持电缆绝缘层的干燥和清洁。

（2）施工过程中避免损伤电缆绝缘。

（3）在暴露电缆绝缘表面，清除所有半导电材料的痕迹。

（4）涂抹硅脂或硅油时使用清洁的手套。

（5）只有在准备套装时，才可打开应力锥的外包装。

（6）安装前以正确的顺序把以后要装配的终端尾管、密封圈等部件套入电缆。

（7）在套入应力锥之前清洁黏在电缆绝缘表面上的灰尘或其他残留物，清洁方向应由绝缘层朝向绝缘屏蔽层。

2. 干式终端头结构技术要求

（1）检查弹簧紧固件与应力锥是否匹配。

（2）先套入弹簧紧固件，再安装应力锥。

（3）在电缆绝缘、绝缘屏蔽层和应力锥的内表面上涂上硅油。

（4）安装完弹簧紧固件后，测量弹簧压缩长度在工艺要求的范围内。

（5）检查弹簧所在螺栓是否有阻碍弹簧自由伸缩的部件。

3. 湿式终端结构技术要求

（1）电缆导体处采用带材密封或模塑密封方式防止终端内的绝缘填充剂流入导体。

（2）先套入密封底座，再安装应力锥。

（3）在电缆绝缘、绝缘屏蔽层和应力锥的内表面上涂上硅脂。

（4）用手工或专用工具套入应力锥，并在套到规定位置后清除应力锥末端多余硅脂。

（二）工作步骤

1. 压接导电杆

（1）要求压接前检查一遍各零部件的数量、方向，有无缺漏，安装顺序是否正确。确认导体尺寸、压模尺寸和压力要求，按工艺图纸要求，准备压接模具和压接钳，按工艺要求的顺序压接导体。压接完毕后，要求检查压接延伸度和导体有无歪曲现象。压接完毕后对压接部位分进行处理，压接部位不得存在尖端和毛刺。

（2）导体连接方式采用机械压力连接方法，建议采用围压压接法。采用围压压接法进行导体连接时应满足下列要求：

1）压接前检查核对连接金具和压接模具，选用合适的出线杆、连接管压接模具、钳头和压泵。

2）压接前清除导体表面污迹与毛刺。

3）压接时导体插入长度充足。

4）压接顺序参照 GB/T 14315—2008 附录 C 的要求。

5）围压压接每压一次，在压模合拢到位后停留 10～15s，使压接部位金属塑性变形达到基本稳定后，才能消除压力。

6）在压接部位，围压形成的边应各自在同一个平面上。

7）压缩比控制在 15％～25％。

8）分割导体分块间的分隔纸（压接部分）在压接前去除。

9）围压压接后，对压接部位进行处理。压接后连接金具表面应光滑，并清除所有的金属屑末、压接痕迹。压接后连接金具表面没有裂纹和毛刺，所有边缘处不应有尖端和毛刺。电缆导体与线端子笔直、无翘曲。

根据工艺要求安装连接管屏蔽罩（如有）。要求屏蔽罩外径不超过电缆绝缘外径。电缆终端部位保持笔直。

2. 终端预制件安装定位

以屏蔽罩中心为基准确定预制件最终安装位置，做好标记。清洁电缆绝缘表面，用电吹风将绝缘表面吹干后在电缆绝缘表面均匀涂抹硅油，并将预制件拉到预定位置。使用专用工具抽出已扩径的预制件。将预制件安装在正确位置。要求预制件定位准确。定位完毕应擦去多余的硅油。预制件定位后宜停顿一段时间，一般建议停顿 20min 后再进行后续工序。

110kV XLPE 电缆插拔式 GIS 终端整体示意图如图 2-15 所示。

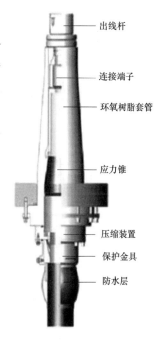

图 2-15　电缆插拔式 GIS 终端整体示意图

出线杆
连接端子
环氧树脂套管
应力锥
压缩装置
保护金具
防水层

3. 安装套管及金具

（1）用合适的溶剂将套管的内外表面清洁干净，检查套管内外表面，确认无杂质和污染物。如为干式终端结构，将套管内表面与应力锥接触的区域清洁并涂硅油。

（2）彻底清洁主绝缘表面及应力锥表面。确认无杂质和污染物后用起吊工具把瓷套管缓缓套入经过主绝缘预处理的电缆，在套入过程中，套管不能碰撞应力锥，不得损伤套管。

（3）清洁密封圈并均匀涂抹硅脂，将密封圈完全放入密封槽内。

（4）将尾管固定在终端底板上，确保电缆终端的密封质量。

（5）对干式终端结构，根据工艺及图纸要求，将弹簧调整成规定压缩比，且均匀拧紧。

（6）安装 GIS 终端技术要求：

1）安装密封金具或屏蔽罩，调整密封金具或屏蔽罩使其上表面到开关设备与 GIS 终端界面的长度满足 IEC 60859《电缆头标准》的要求。

2）检查开关设备导电杆与密封金具或屏蔽罩的螺栓孔位是否匹配，最终固定密封金具或屏蔽罩，确认固定力矩。

3）将尾管固定在套管上，确认固定力矩，确保电缆 GIS 终端与开关设备之间的密封质量。

4. 接地与密封处理

（1）终端尾管、终端金属保护盒与金属护套进行接地连接时可采用搪铅或焊接等方式。

（2）终端金属保护盒密封可采用搪铅或用环氧混合物/玻璃丝带等方式。

（3）采用搪铅方式进行接地或密封时，应满足以下技术要求：

1）封铅与电缆金属护套和电缆附件的金属套管紧密连接，封铅致密性好，没有杂质和气泡。

2）封铅时不损伤电缆绝缘，掌握好加热温度，封铅操作时间应尽量缩短。

3）圆周方向的搪铅厚度均匀，外形力求美观。

（4）终端尾管与金属护套采用焊接方式进行接地连接时，跨接接地线截面满足系统短路电流通流要求。

（5）采用环氧混合物/玻璃丝带方式密封时，满足以下技术要求：

1）金属护套和终端尾管需要绕包环氧玻璃丝带的地方采用砂纸进行打磨。

2）环氧树脂和固化剂混合搅排均匀。

3）先涂上一层环氧混合物，再绕包一层半搭盖的玻璃丝带，按此顺序重新进行该工序，直到环氧混合物/玻璃丝带的厚度超过 3mm 为止。

4）每层玻璃丝带下方为环氧涂层，使每层玻璃丝带全部浸在环氧混合物中，避免水分与环氧混合物接触。

5）确保环氧混合物固化，时间控制在 2h 以上。

（6）接地安装工作，应满足以下技术要求：

1）安装终端头接地箱/接地线时，接地线与接地线鼻子的连接采用机械压接方式，接地线鼻子与终端尾管接地铜排的连接采用螺栓连接方式。

2）同一地点同类敞开式终端接地线布置统一，接地线排列及固定、终端尾管接地铜排的方向统一，且为运行维护工作提供便利。

3）采用带有绝缘层的接地线通过终端接地箱与电缆终端接地网相连，接地线的固定与走向符合设计要求，整齐，美观有序。

4）户外终端接地连接线尽量短，连接线截面满足系统单相接地电流通过时的热稳定要求，连接线的绝缘水平不小于电缆外护层的绝缘水平。

5. 质量验评

根据工艺和图纸要求，及时做好现场质量检查、终端制作安装记录表填写工作。要求通过过程监控与验收，确保终端安装质量。

第三章

高压电缆及通道运行维护

第一节　高压电缆敷设方式

一、一般规定

（1）电缆的路径选择符合下列规定。

1）避免电缆遭受机械性外力、过热、腐蚀等危害。

2）满足安全要求条件下，保证电缆路径最短。

3）便于敷设、维护。

4）避开将要挖掘施工的地方。

5）充油电缆线路通过起伏地形时，保证供油装置合理配置。

（2）电缆在任何敷设方式及其全部路径条件的上下左右改变部位，均满足电缆允许弯曲半径要求。

电缆的允许弯曲半径符合电缆绝缘及其构造特性要求。对自容式铅包充油电缆，其允许弯曲半径可按电缆外径的 20 倍计算。

（3）同一通道内电缆数较多时，若在同一侧的多层支架上敷设，应符合下列规定。

1）应按电压等级由高至低的电力电缆、强电至弱电的控制和信号电缆、通信电缆"由上而下"的顺序排列。

当水平通道中含有 35kV 以上高压电缆，或为满足引入柜盘的电缆符合允许弯曲半径要求时，按"由下而上"的顺序排列。

在同一工程中或电缆通道延伸于不同工程的情况，均按相同的上下排列顺序配置。

2）支架层数受通道空间限制时，35kV 及以下的相邻电压等级电力电缆，可排列于同一层支架上，1kV 及以下电力电缆也可与强电控制和信号电缆配置在同一层支架上。

3）同一重要回路的工作与备用电缆实行耐火分隔时，配置在不同层的支架上。

（4）同一层支架上电缆排列的配置符合下列规定。

1）控制和信号电缆可紧靠或多层叠置。

2）除交流系统用单芯电力电缆的同一回路可采取"品"字形（三叶形）配置外，对重要的同一回路多根电力电缆，不叠置。

3）除交流系统用单芯电缆情况外，电力电缆相互间有 1 倍电缆外径的空隙。

（5）交流系统用单芯电力电缆的相序配置及其相间距离满足电缆金属护层的正常感应电压不超过允许值，并保证按持续工作电流选择电缆截面最小的原则确定。

未呈"品"字形配置的单芯电力电缆，有两回线及以上配置在同一通路时，应计入相互影响。

（6）交流系统用单芯电力电缆与公用通信线路相距较近时，维持技术经济上有利的电缆路径，必要时可采取下列抑制感应电势的措施。

1）使电缆支架形成电气通路，且计入其他并行电缆抑制因素的影响。

2）对电缆隧道的钢筋混凝土结构实行钢筋网焊接连通。

3）沿电缆线路适当附加并行的金属屏蔽线或罩盒等。

（7）明敷的电缆不宜平行敷设在热力管道的上部。电缆与管道之间无隔板防护时的允许距离，除城市公共场所按 GB 50289《城市工程管线综合规划规范》执行外，还符合表 3-1 的规定。

表 3-1   电缆与管道之间无隔板防护时的允许距离   mm

电缆与管道之间走向		电力电缆	控制和信号电缆
热力管道	平行	1000	500
	交叉	500	250
其他管道	平行	150	100

（8）在隧道、沟、浅槽、竖井、夹层等封闭式电缆通道中，不得布置热力管道，严禁有易燃气体或易燃液体的管道穿越。

（9）爆炸性气体危险场所敷设电缆符合下列规定。

1）在可能范围内保证电缆距爆炸释放源较远，敷设在爆炸危险较小的场所，并符合下列规定。

a. 易燃气体比空气重时，电缆埋地或在较高处架空敷设，且对非铠装电缆采取穿管或置于托盘、槽盒中等机械性保护。

b. 易燃气体比空气轻时，电缆敷设在较低处的管、沟内，沟内非铠装电缆应埋砂。

2）电缆在空气中沿输送易燃气体的管道敷设时，配置在危险程度较低的管道一侧，并符合下列规定。

a. 易燃气体比空气重时，电缆宜配置在管道上方。

b. 易燃气体比空气轻时，电缆宜配置在管道下方。

c. 电缆及其管、沟穿过不同区域之间的墙、板孔洞处，应采用非燃性材料严密堵塞。

d. 电缆线路中不应有接头，如采用接头时，必须具有防爆性。

（10）用于下列场所、部位的非铠装电缆，采用具有机械强度的管或罩加以保护。

1）非电气人员经常活动场所的地坪以上 2m 内、地中引出的地坪以下 0.3m 深电缆区段。

2）可能有载重设备移经电缆上面的区段。

（11）除架空绝缘型电缆外的非户外型电缆，户外使用时，采取罩、盖等遮阳措施。

（12）电缆敷设在有周期性振动的场所采取下列措施。

1）在支持电缆部位设置由橡胶等弹性材料制成的衬垫。

2）使电缆敷设成波浪状且留有伸缩节。

（13）在有行人通过的地坪、堤坝、桥面、地下商业设施的路面，以及通行的隧洞中，电缆不得敞露敷设于地坪或楼梯走道上。

（14）在工厂的风道、建筑物的风道、煤矿里机械提升的除运输机通行的斜井通风巷道或木支架的竖井井筒中，严禁敷设敞露式电缆。

（15）1kV 以上电源直接接地且配置独立分开的中性线和保护地线构成的系统，采用独立于相芯线和中性线以外的电缆作保护地线时，同一回路的该两部分电缆敷设方式应符合下列规定。

1）在爆炸性气体环境中，敷设在同一路径的同一结构管、沟或盒中。

2）除上述情况外，敷设在同一路径的同一构筑物中。

（16）电缆的计算长度包括实际路径长度与附加长度。附加长度计入下列因素。

1）电缆敷设路径地形等高差变化、伸缩节或迂回备用裕置。

2）35kV 及以上电缆蛇形敷设时的弯曲状影响增加的长度。

3）终端或接头制作所需剥切电缆的预留段、电缆引至设备或装置所需的长度。35kV 及以下电缆敷设度量时的附加长度，符合表 3-2 的规定。

表 3-2　　　　　　　　　　35kV 及以下电缆敷设度量时的附加长度　　　　　　　　　　m

项目名称		附加长度
电缆终端的制作		0.5
电缆接头的制作		0.5
由地坪引至各设备的终端处	电动机（按接线盒对地坪的实际高度）	0.5～1
	配电屏	1
	车间动力箱	1.5
	控制屏或保护屏	2
	厂用变压器	3
	主变压器	5
	磁力启动器或事故按钮	1.5

（17）电缆的订货长度符合下列规定。

1）长距离的电缆线路采取计算长度作为订货长度。

对 35kV 以上单芯电缆按相计算；线路采取交叉互联等分段连接方式时，按段开列。

2）对 35kV 及以下电缆用于非长距离时，计及整盘电缆中截取后不能利用其剩余段的因素，按计算长度计入 5%～10% 的裕度作为同型号规格电缆的订货长度。

3）水下敷设电缆的每盘长度，不小于水下段的敷设长度。有困难时，可含有工厂制的软接头。

二、敷设方式选择

（1）电缆敷设方式的选择视工程条件、环境特点和电缆类型、数量等因素，以及满足运行可靠、便于维护和技术经济合理的原则来选择。

（2）电缆直埋敷设方式的选择符合下列规定。

1）同一通路少于 6 根的 35kV 及以下电力电缆，在厂区通往远距离辅助设施或城郊等不易有经常性开挖的地段，宜采用直埋；在城镇人行道下较易翻修情况或道路边缘可采用直埋。

2）厂区内地下管网较多的地段，可能有熔化金属、高温液体溢出的场所，待开发有较频繁开挖的地方，不宜用直埋。

3）在化学腐浊或杂散电流腐蚀的土壤范围内，不采用直埋。

（3）电缆穿管敷设方式的选择符合下列规定。

1）在有爆炸危险场所明敷的电缆，露出地坪上需加以保护的电缆，以及地下电缆与公路、铁道交叉时采用穿管。

2）地下电缆通过房屋、广场的区段，以及电缆敷设在规划中将作为道路的地段采用穿管。

3）在地下管网较密的工厂区、城市道路狭窄且交通繁忙或道路挖掘困难的通道等电缆数量较多时，可采用穿管。

（4）下列场所采用浅槽敷设方式。

1）地下水位较高的地方。

2）通道中电力电缆数量较少，且在不经常有载重车通过的户外配电装置等场所。

（5）电缆沟敷设方式的选择符合下列规定。

1）在化学腐蚀液体或高温熔化金属溢流的场所或在载重车辆频繁经过的地段，不得采用电缆沟。

2）经常有废水溢流、可燃粉尘弥漫的厂房内，不宜采用电缆沟。

3）在建筑物内地下电缆数量较多但不需要采用隧道，城镇人行道开挖不便且电缆需分期敷设，同时不属于上述情况时，宜采用电缆沟。

4）有防爆、防火要求的明敷电缆采用埋砂敷设的电缆沟。

（6）电缆隧道敷设方式的选择符合下列规定。

1）同一通道的地下电缆数量多，电缆沟不足以容纳时采用隧道。

2）同一通道的地下电缆数量较多，且位于有腐蚀性液体或经常有地面水流溢的场所，或含有 35kV 以上高压电缆以及穿越公路、铁道等地段采用隧道。

3）受城镇地下通道条件限制或交通流量较大的道路下，与较多电缆沿同一路径有非高温的水、气和通信电缆管线共同配置时，可在公用性隧道中敷设电缆。

（7）垂直走向的电缆，宜沿墙、柱敷设。当数量较多，或含有 35kV 以上高压电缆时采用竖井。

（8）电缆数量较多的控制室、继电保护室等处，宜在其下部设置电缆夹层。电缆数量较少时，也可采用有活动盖板的电缆层。

（9）在地下水位较高的地方、化学腐蚀液体溢流的场所、厂房内，应采用支持式架空敷设。建筑物或厂区不宜地下敷设时，可采用架空敷设。

（10）明敷且不宜采用支持式架空敷设的地方，可采用悬挂式架空敷设。

（11）通过河流、水库的电缆，无条件利用桥梁、堤坝敷设时，可采取水下敷设。

（12）厂房内架空桥架敷设方式不宜设置检修通道，城市电缆线路架空桥架敷设方式可设置检修通道。

三、地下直埋敷设

（1）直埋敷设电缆的路径选择符合下列规定。

1）应避开含有酸、碱强腐蚀或杂散电流电化学腐蚀严重影响的地段。

2）无防护措施时，宜避开白蚁危害地带、热源影响和易遭外力损伤的区段。

（2）直埋敷设电缆方式符合下列规定。

1）电缆敷设于壕沟里，并沿电缆全长的上、下紧邻侧铺以厚度不少于100mm的软土或砂层。

2）沿电缆全长盖宽度不小于电缆两侧各50mm的保护板，保护板采用混凝土。

3）城镇电缆直埋敷设时，在保护板上层铺设醒目标志带。位于城郊或空旷地带，沿电缆路径的直线间隔100m、转弯处或接头部位，竖立明显的方位标志或标桩。

4）当采用电缆穿波纹管敷设于壕沟时，沿波纹管顶全长浇注厚度不小于100mm的素混凝土，宽度不小于管外侧50mm，电缆可不含铠装。

（3）直埋敷设于非冻土地区时，电缆埋置深度符合下列规定。

1）电缆外皮至地下构筑物基础不小于0.3m。

2）电缆外皮至地面深度不小于0.7m；当位于行车道或耕地下时，适当加深，且不小于1.0m。

（4）直埋敷设于冻土地区时，埋入冻土层以下，当无法深埋时可埋设在土壤排水性好的干燥冻土层或回填土中，也可采取其他防止电缆受到损伤的措施。

（5）直埋敷设的电缆，严禁位于地下管道的正上方或正下方。

电缆与电缆、管道、道路、构筑物等之间的允许最小距离符合表3-3的规定。

表3-3　　　　　　电缆与电缆、管道、道路、构筑物等之间的允许最小距离　　　　　　　　m

电缆直埋敷设时的配置情况		平行	交叉
控制电缆之间			0.5
电力电缆之间或与控制电缆之间	10kV及以下电力电缆	0.1	0.5
	10kV及以上电力电缆	0.25	0.5
不同部门使用的电缆		0.5	0.5
电缆与地下管沟	热力管沟	2	0.5
	油管或易（可）燃气管道	1	0.5
	其他管道	0.5	0.5

续表

电缆直埋敷设时的配置情况		平行	交叉
电缆与铁路	非直流电气化铁路路轨	3	1.0
	直流电气化铁路路轨	10	1.0
电缆与建筑物基础		0.6	
电缆与公路边		1.0	
电缆与排水沟		1.0	
电缆与树木的主干		0.7	
电缆与1kV以下架空线电杆		1.0	
电缆与1kV以上架空线杆塔基础		4.0	

（6）直埋敷设的电缆与铁路、公路或街道交叉时，穿于保护管，保护范围超出路基、街道路面两边以及排水沟边0.5m以上。

（7）直埋敷设的电缆引入构筑物，在贯穿墙孔处设置保护管，管口实施阻水堵塞。

（8）直埋敷设电缆的接头配置符合下列规定。

1）接头与邻近电缆的净距不小于0.25m。

2）并列电缆的接头位置宜相互错开，且净距不宜小于0.5m。

3）斜坡地形处的接头安置呈水平状。

4）重要回路的电缆接头，宜在其两侧约1m开始的局部段，按留有备用量方式敷设电缆。

（9）直埋敷设电缆采取特殊换土回填时，回填土的土质对电缆外护层无腐蚀性。

四、保护管敷设

（1）电缆保护管内壁光滑、无毛刺。其选择满足使用条件所需的机械强度和耐久性，且符合下列规定。

1）需采用穿管抑制对控制电缆进行电气干扰时采用钢管。

2）交流单芯电缆以单根穿管时，不得采用未分隔磁路的钢管。

（2）部分或全部露出在空气中的电缆保护管的选择符合下列规定。

1）防火或机械性要求高的场所采用钢质管，并采取涂漆或镀锌包塑等适合环境耐久要求的防腐处理。

2）满足工程条件自熄性要求时，可采用阻燃型塑料管。部分埋入混凝土中等有耐冲击的使用场所，塑料管具备相应承压能力，且采用可挠性的塑料管。

3）地中埋设的保护管满足埋深下的抗压要求和耐环境腐蚀性的要求。管枕配跨距按管路底部未均匀夯实时满足抗弯矩条件确定；在通过不均匀沉降的回填土地段或地震活动频发地，管路纵向连接采用可挠式管接头。

（3）单根保护管使用时符合下列规定。

1）每根电缆保护管的弯头不超过3个，直角弯不超过两个。

2）地中埋管距地面深度不小于0.5m，与铁路交叉处距路基不小于1m，距排水沟底不小于0.3m。

3）并列管相互间留有不小于20mm的空隙。

（4）使用排管时符合下列规定。

1）管孔数按发展预留适当备用。

2）导体工作温度相差大的电缆，分别配置于适当间距的不同排管组。

3）管路顶部土壤覆盖厚度不小于0.5m。

4）管路置于经整平夯实土层且有足以保持连续平直的垫块上；纵向排水坡度不小于0.2%。

5）管路纵向连接处的弯曲度符合牵引电缆时不致损伤的要求。

6）管孔端口采取防止损伤电缆的处理措施。

7）较长电缆管路中的下列部位设置工作井。

a.管路方向较大改变或电缆从排管转入直埋处。

b.管路坡度较大且需防止电缆滑落的必要加强固定处。

五、电缆构筑物敷设

电缆构筑物的尺寸按容纳的全部电缆确定，电缆无碍安全运行，满足敷设作业与维护巡视活动所需空间，并符合下列规定。

（1）隧道内通道净高不小于1900mm；在较短的隧道中与其他沟道交叉的局部段，净高可降低，但不小于1400mm。

（2）封闭式工作井的净高不小于1900mm。

（3）电缆夹层室的净高不小于2000mm，但不宜大于3000mm。民用建筑的电缆夹层净高可稍降低，但在电缆人员活动的短距离空间不得小于1400mm。

（4）电缆沟、隧道或工作井内通道的净宽，不小于表3-4所列值。

表 3-4　　　　　　　　　　电缆沟、隧道或工作井内通道的净宽　　　　　　　　　　mm

电缆支架配置方式	电缆沟深度			开挖式隧道或封闭式工作井	非开挖式隧道
	<600	600~1000	>1000		
两侧	300	500	700	1000	800
单侧	300	450	600	900	800

（5）电缆支架、梯架或托盘的层间距离满足能方便地敷设电缆及其固定、安置接头的要求，且在多根电缆同置于一层情况下，可更换或增设任一根电缆及其接头。

（6）在采用电缆截面或接头外径尚非很大的情况下，符合上述要求的电缆支架、梯架或托盘的层间距离的最小值，可取表3-5所列数值。

表 3-5　　　　　　　　　电缆支架、梯架或托盘的层间距离的最小值　　　　　　　　mm

电缆电压等级和类型、敷设特征		普通支架、吊架	桥架
控制电缆明敷		120	200
电力电缆明敷	6kV 及以下	150	250
	6~10kV 交联聚乙烯	200	300
	35kV 单芯	250	300
	35kV 三芯	300	350

续表

电缆电压等级和类型、敷设特征		普通支架、吊架	桥架
电力电缆明敷	110~220kV, 每层1根以上	300	350
	330、500kV	350	400
电缆敷设槽盒中		$h+80$	$h+100$

注 h 指槽盒外壳高度。

（7）水平敷设时电缆支架的最上层、最下层布置尺寸符合下列规定。

最上层支架距构筑物顶板或梁底的净距允许最小值满足电缆引接至上侧柜盘时的允许弯曲半径要求，且不小于表 3-6 所列数再加 80~150mm 的和值。最上层支架距其他设备的净距不小于 300mm；当无法满足时设置防护板。最下层支架距地坪、沟道底部的最小净距不小于表 3-6 所列值。

表 3-6　　　　　　　　　最下层支架距地坪、沟道底部的最小净距　　　　　　　　　mm

电缆敷设场所及其特征		垂直净距
电缆沟		50
隧道		100
电缆夹层	非通道处	200
	至少在一侧不小于 800mm 宽通道处	1400
	厂房内	2000
厂房外	无车辆通过	2500
	有车辆通过	4500

（8）电缆构筑物满足防止外部进水、渗水的要求，且符合下列规定。

1）对电缆沟或隧道底部低于地下水位、电缆沟与工业水管沟并行邻近、隧道与工业水管沟交叉时加强电缆构筑物防水处理。

2）电缆沟与工业水管沟交叉时电缆沟宜位于工业水管沟的上方。

3）在不影响厂区排水情况下，厂区户外电缆沟的沟壁宜稍高出地坪。

（9）电缆构筑物实现排水畅通，且符合下列规定。

1）电缆沟、隧道的纵向排水坡度不小于 0.5%。

2）沿排水方向适当距离宜设置集水井及其泄水系统，必要时实施机械排水。

3）隧道底部沿纵向设置泄水边沟。

4）电缆沟沟壁、盖板及其材质构成满足承受荷载和适合环境耐久的要求。

5）可开启的沟盖板的单块重量不超过 50kg。

（10）电缆隧道、封闭式工作井应设置安全孔，安全孔的设置符合下列规定。

1）沿隧道纵长不应少于两个。在工业性厂区或变电站内隧道的安全孔间距不大于 75m。在城镇公共区域开挖式隧道的安全孔间距不大于 200m，非开挖式隧道的安全孔间距可适当增大，且根据隧道埋深和结合电缆敷设、通风、消防等综合确定。

2）隧道首末端无安全门时，在不大于 5m 处设置安全孔。

3）对封闭式工作井，在顶盖板处设置两个安全孔。位于公共区域的工作井，安全孔井盖的设置使非专业人员难以启动。

4）安全孔至少有一处适合安装机具和安置设备的搬运，供人出入的安全孔直径不小于700mm。

5）安全孔内应设置爬梯，通向安全门设置步道或楼梯等设施。

6）在公共区域露出地面的安全孔设置部位，避开公路、轻轨，其外观宜与周围环境景观相协调。

7）高落差地段的电缆隧道中，通道不宜呈阶梯状，且纵向坡度不宜大于15°，电缆接头不宜设置在倾斜位置上。

8）电缆隧道宜采取自然通风。当有较多电缆导体工作温度持续达到70℃以上或存在其他影响环境温度显著升高因素时，可装设机械通风，但机械通风装置应在一旦出现火灾时能可靠地自动关闭。

9）长距离的隧道适当分区段实行相互独立的通风。

(11) 非拆卸式电缆竖井中，有人员活动的空间符合下列规定。

1）未超过5m高时，可设置爬梯，且活动空间不小于800mm×800mm。

2）超过5m高时，宜设置楼梯，且每隔3m宜设置楼梯平台。

3）超过20m高且电缆数量多或重要性要求较高时，可设置简易式电梯。

六、其他公用设施中敷设

（1）通过木质结构的桥梁、码头、栈道等公用构筑物，用于重要的木质建筑设施的非矿物绝缘电缆时，应敷设在不燃性的保护管或槽盒中。

（2）交通桥梁上、隧洞中或地下商场等公共设施的电缆具有防止电缆着火危害、避免外力损伤的可靠措施，并符合下列规定。

1）电缆不得明敷在通行的路面上。

2）自容式充油电缆在沟槽内敷设时埋砂，在保护管内敷设时，保护管采用非导磁的不燃性材质的刚性保护管。

3）非矿物绝缘电缆用在无封闭式通道时，敷设在不燃性的保护管或槽盒中。

（3）公路、铁道桥梁上的电缆采取防止振动、热伸缩以及风力影响下金属套因长期应力疲劳导致断裂的措施，并符合下列规定。

1）桥墩两端和伸缩缝处电缆充分松弛。当桥梁中有挠角部位时，宜设置电缆迂回补偿装置。

2）35kV以上大截面电缆采用蛇形敷设。

3）经常受到振动的直线敷设电缆设置橡皮、砂袋等弹性衬垫。

七、水下敷设

（1）水下电缆路径的选择满足电缆不易受机械性损伤、能实施可靠防护、敷设作业方便、经济合理等要求，且符合下列规定。

1）电缆敷设在河床稳定、流速较缓、岸边不易被冲刷、海底无石山或沉船等障碍、少有沉锚和拖网渔船活动的水域。

2）电缆不敷设在码头、水下构筑物附近，且不敷设在航道疏浚挖泥区和规划筑港地带。

3）水下电缆不得悬空于水中，应埋置于水底。在通航水道等需防范外部机械力损伤的水域，电缆埋置于水底适当深度的沟槽中，并加以稳固覆盖保护；浅水区埋深不小于0.5m，深水航道的埋深不小于2m。

（2）水下电缆严禁交叉、重叠。相邻的电缆保持足够的安全间距，且符合下列规定。

1）主航道内，电缆间距不宜小于平均最大水深的1.2倍。引至岸边间距可适当缩小。

2）在非通航的流速未超过1m/s的小河中，同回路单芯电缆间距不小于0.5m，不同回路电缆间距不小于5m。

3）除上述情况外，按水的流速和电缆埋深等因素确定。

（3）水下的电缆与工业管道之间的水平距离不小于50m；受条件限制时，不小于15m。水下电缆引至岸上的区段采取适合敷设条件的防护措施，且符合下列规定。

1）岸边稳定时，采用保护管、沟槽敷设电缆，必要时可设置工作井连接，管沟下端置于最低水位下不小于1m处。

2）岸边未稳定时，采取迂回形式敷设以预留适当备用长度的电缆。

3）水下电缆的两岸设醒目的警告标志。

第二节　高压电缆线路及通道验收

一、高压电缆线路工程验收

高压电缆线路工程验收介绍电缆线路工程验收制度、验收项目及验收方法。具体包括电缆线路工程验收方法，掌握电缆线路敷设工程、接头和终端工程、附属设备验收及调试的内容、方法、标准、技术要求。

电缆线路工程属于隐蔽工程，其验收应贯穿于施工全过程中。为保证电缆线路工程质量，运行部门必须严格按照验收标准对新建电缆线路进行全过程监控和投运前竣工验收。

（一）电缆线路工程验收制度

电缆线路工程验收分自验收、预验收、过程验收、竣工验收四个阶段，每个阶段都必须填写验收记录单，并做好整改记录。

（1）自验收由施工部门自行组织进行，并填写验收记录单。自验收整改结束后，向本单位质量管理部门提交工程验收申请。

（2）预验收由施工单位质量管理部门组织进行，并填写预验收记录单。预验收整改结束后，填写工程竣工报告，并向上级工程质量监督站提交工程验收申请。

（3）过程验收是指在电缆线路施工工程中对土建项目、电缆敷设、电缆附件安装等隐蔽工程进行的中间验收。施工单位的质量管理部门和运行部门要根据工程施工情况列出检查项目，由验收人员根据验收标准在施工过程中逐项进行验收，填写工程验收单并签字确认。

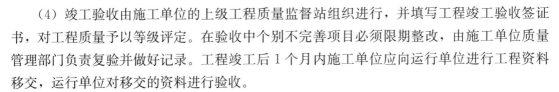

（4）竣工验收由施工单位的上级工程质量监督站组织进行，并填写工程竣工验收签证书，对工程质量予以等级评定。在验收中个别不完善项目必须限期整改，由施工单位质量管理部门负责复验并做好记录。工程竣工后1个月内施工单位应向运行单位进行工程资料移交，运行单位对移交的资料进行验收。

（二）电缆线路工程验收方法

1. 验收程序

施工部门在工程验收前，应将施工设计书、工程进度计划交质监和运行部门，以便对工程进行过程验收。工程完工后，施工部门书面通知质监站、运行部门进行竣工验收。同时施工部门在工程竣工后1个月内将有关技术资料、工艺文件、施工安装记录（含工作井、排管、电缆沟、电缆桥等土建资料）等一并移交运行部门整理归档。对资料不齐全的工程，运行部门可不予接收。

2. 电缆线路工程项目划分

电缆线路工程验收应按分部工程逐项进行。电缆线路工程可以分为电缆敷设、电缆接头、电缆终端、接地系统、信号系统、供油系统、调试7个分部工程（交联电缆线路无信号系统和供油系统）。每个分部工程又可分为几个分项工程，具体项目见表3-7。

表 3-7　　　　　　　　　　　　　电缆线路工程项目划分一览表

序号	分部工程	分项工程
1	电缆敷设	电缆通道（电缆沟槽开挖、排管、隧道敷设）、电缆展放、电缆固定、孔洞封堵、回填掩埋、防火工程、分支箱安装
2	电缆接头	直通接头、绝缘接头、塞止接头、过渡接头
3	电缆终端	户外终端、户内终端、GIS终端、变压器终端
4	接地系统	终端接地、接头接地、护层交叉互联箱接地、分支箱接地、单芯电缆护层交叉互联系统
5	信号系统	信号屏、信号端子箱、控制电缆敷设和接头、自动排水泵
6	供油系统	压力箱、油管路、电触点压力表
7	调试	绝缘测试（含耐压试验和电阻测试）、参数测量、信号系统测试、油压整定、护层试验、接地电阻测试、油样试验、油阻试验、相位校核、交叉互联系统试验

3. 验收报告的编写

验收报告的内容主要分工程概况说明、验收项目签证和验收综合评价3个方面。

（1）工程概况说明。内容包括工程名称，起讫地点，工程开竣工日期以及电缆型号、长度，敷设方式，接头型号、数量、接地方式，信号装置布置和工程设计，施工，监理，建设单位名称等。

（2）验收项目签证。验收部门在工程验收前根据工程实际情况和施工验收规范，编制好项目验收检查表，作为验收评估的书面依据，并对照项目验收标准对施工项目逐项进行验收签证和评分。

（3）验收综合评价。验收部门根据有关国家标准和企业标准制定验收标准，对照验收标准对工程质量作出综合评价，并对整个工程进行评分。成绩分为优，良、及格、不及格4

种，所有验收项目均符合验收标准要求者为优；所有主要验收项目均符合验收标准，个别次要验收项目未达到验收标准，不影响设备正常运行者为良；个别主要验收项目不合格，不影响设备安全运行者为及格；多数主要验收项目不符合验收标准，将影响设备正常安全运行者为不及格。

（三）电缆线路敷设工程验收

电缆线路敷设工程属于隐蔽工程，验收在施工过程中进行，并且要求抽样率大于50％。

1. 电缆线路敷设验收的内容和重点

电缆线路敷设验收的主要内容包括电缆通道（电缆沟槽开挖、排管、隧道建设）、电缆展放、电缆固定、孔洞封堵、回填掩埋、防火工程、分支箱安装等，其中电缆通道、电缆展放和电缆固定为关键验收项目，应重点加以关注。

2. 电缆线路敷设验收的标准及技术规范

（1）电力电缆敷设规程。

（2）工程设计书和施工图。

（3）工程施工大纲和敷设作业指导书。

（4）电缆沟槽、排管、隧道等土建设施的质量检验和评定标准。

（5）电缆线路运行规程和检修规程的有关规定。

3. 电缆线路敷设验收内容

（1）电缆沟槽、排管和隧道等土建设施验收内容包括：

1）施工许可文件齐全。

2）电缆路径符合设计书要求。

3）与地下管线距离符合设计要求。

4）开挖深度按通道环境及线路电压等级均应符合设计要求。

（2）电缆展放及固定验收内容包括：

1）电缆牵引车位置、人员配置、电缆输送机安放位置均符合作业指导书和施工大纲要求。

2）如使用网套牵引，其牵引力不能大于厂家提供的电缆护套所能承受的拉力。

3）如使用牵引头牵引，按导体截面计算牵引力，同时满足电缆所能承受的侧压力。

4）施工时电缆弯曲半径符合作业指导书及施工大纲要求。

5）电缆终端，接头及在工作井、竖井，隧道中必须固定牢固，蛇形敷设节距符合设计要求。

（3）孔洞封堵验收。变电站电缆穿墙（或楼板）孔洞、工作井排管口、开关柜底板孔等都要求用封堵材料密实封堵，符合设计要求。

（4）对电缆直埋、排管、竖井与电缆沟敷设施工的基本要求如下：

1）摆放电缆盘的场地应坚实，防止电缆盘倾斜。

2）电缆敷设前完成校潮、牵引端制作、取油样等工作。

3）充油电缆油压大于0.15MPa。

4）电缆盘制动装置可靠。

5）110kV 及以上电缆外护层绝缘符合规程规定。

6）敷设过程中电缆弯曲半径符合设计要求。

7）电缆线路各种标志牌完整、字迹清晰，悬挂符合要求。

（5）对直埋、排管、竖井敷设方式的特殊要求如下：

1）对直埋敷设的特殊要求：

a. 滑轮设置合理、整齐；

b. 电缆沟底平整，电缆上下各铺 100mm 的软土或细砂；

c. 电缆保护盖板覆盖在电缆正上方。

2）对排管敷设的特殊要求：

a. 排管疏通工具符合有关规定，并双向畅通；

b. 电缆在工作井内固定符合装置图要求，电缆在工作井内排管口应有"伸缩弧"。

3）对竖井敷设的特殊要求：

a. 竖井内电缆保护装置符合设计要求；

b. 竖井内电缆固定符合装置图要求。

（6）支架安装验收内容包括：

1）支架排列整齐，横平直竖。

2）电缆固定和保护：在隧道、工作井、电缆夹层内的电缆都安装在支架上，电缆在支架上固定良好，无法用支架固定时，应每隔 1m 间距用吊索固定，固定在金属支架上的电缆有绝缘衬垫。

3）蛇形敷设符合设计要求。

（7）电缆防火工程验收内容：

1）电缆防火槽盒符合设计要求，上下两部分安装平直，接口整齐，接缝紧密，槽盒内金具安装牢固，间距符合设计要求，端部采用防火材料封堵，密封完好。

2）电缆防火涂料厚度和长度符合设计要求，涂刷均匀，无漏刷。

3）防火带半搭盖绕包平整，无明显突起。

4）电缆夹层内接头加装防火保护盒，接头两侧 3m 内绕包防火带。

5）其他防火措施符合设计书及装置图要求。

（8）电缆分支箱验收内容：

1）分支箱基础的上平面高于地面，箱体固定牢固，横平竖直，分支箱门开启方便。

2）内部电气安装和接地极安装符合设计要求。

3）箱体防水密封良好，底部铺以黄沙，然后用水泥抹平。

4）分支箱铭牌书写规范，字迹清晰，命名符合要求。

5）分支箱内相位标识正确、清晰。

（四）电缆接头和终端工程验收

电缆接头及终端工程属于隐蔽工程，工程验收在施工过程中进行。如采用抽样检查，抽样率大于50%。电缆接头有直通接头、绝缘接头、塞止接头、过渡接头等类型，电缆终端则有户外终端、户内终端、GIS终端、变压器终端等类型。

1. 电缆接头和终端验收

（1）施工现场做到环境清洁，有防尘、防雨措施，温度和湿度符合安装规范要求。

（2）电缆剥切、导体连接、绝缘及应力处理、密封防水保护层处理、相间和相对地距离符合施工工艺、设计和运行规程要求。

（3）接头和终端铭牌、相色标志字迹清晰、安装规范。

（4）接头和终端固定牢固，接头两侧及终端下方一定距离内保持平直，并做好接头的机械防护和阻燃防火措施。

（5）按设计要求做好电缆中间接头和终端的接地。

2. 电缆终端接地箱验收

（1）接地箱安装符合设计书及装置图要求。

（2）终端接地箱内电气安装符合设计要求，导体连接良好。护层保护器符合设计要求，完整无损伤。

（3）终端接地箱密封良好，接地线相色正确，标志清晰。

（4）接地箱箱体采用不锈钢材料。

（五）电缆线路附属设备验收

电缆线路附属设备验收主要是指接地系统、信号保护系统等验收。

1. 接地系统验收

接地系统由终端接地、接头接地网、终端接地箱、护层交叉互联箱及分支箱接地网组成。接地系统主要验收以下项目：

（1）各接地点接地电阻符合设计要求。

（2）接地线与接地排连接良好，接线端子采用压接方式。

（3）同轴电缆的截面符合设计要求。

（4）护层交叉互联箱内接线正确，导体连接良好，相色标志正确清晰。

2. 信号保护系统验收

在对信号保护系统验收中，信号与控制电缆的敷设安装可参照电力电缆敷设安装规范来验收。信号屏、信号箱安装，以及自动排水装置安装等工程验收可按照二次回路施工工程验收标准进行。信号保护系统主要验收以下项目：

（1）控制电缆每对线芯核对无误且有明显标记。

（2）信号回路模拟试验正确，符合设计要求。

（3）信号屏安装符合设计要求，电器元件齐全，连接牢固，标志清晰。

（4）信号箱安装牢固，箱门和箱体由多股软线连接，接地良好。

（5）自动排水装置符合设计要求。

（6）低压接线连接可靠，绝缘符合要求，端部标志清晰。

（7）接地电阻符合设计要求。

（8）铭牌清晰，名称符合命名原则。

（六）电缆线路调试

电缆线路调试由信号系统调试、绝缘测试、电缆常数测试、护层试验、接地网测试、相位校核、交叉互联系统试验等项目组成，其中绝缘测试包括直流或交流耐压试验和绝缘电阻测试。各调试结果均符合电缆线路竣工交接试验规程和工程设计书要求。

二、高压电缆构筑物工程验收

高压电缆构筑物工程验收包含电缆构筑物的种类及其工程验收的项目要求。通过要点讲解和方法介绍，掌握电缆构筑物土建工程，电缆排管、工作井、电缆桥架、电缆沟，电缆隧道的验收内容、方法和要求。

为适应现代城市建设和电力网发展，往往需要在同一路径上敷设多条电缆。当采用直埋敷设方式不能满足电缆敷设要求时，就需要建造电缆线路构筑物设施。构筑物设施建成之后，在敷设新电缆或检修故障电缆时，可以避免重复挖掘路面，同时将电缆置于钢筋混凝土的土建设施之中，还能够有效避免发生机械外力损坏事故。

（一）电缆线路构筑物的种类

电缆线路构筑物的主要种类及结构特点见表 3-8。

表 3-8　　　　　　　　　　　电缆线路构筑物的主要种类及结构特点

种类		主要使用场所	结构特点
电缆通道	电缆排管管道	道路慢车道	钢筋混凝土加衬管并建工作井
	电缆非开挖管道	穿越河道，重要交通干道、地下管线、高层建筑	可视化定向非开挖钻进，全线贯通后回扩孔，拉入设计要求的电缆管道，两端建工作井
电缆沟		工厂区、变电站内（或周围）、人行道	钢筋混凝土或砖砌，内有支架
电缆隧道		发电厂、变电站出线，重要交通干道、穿越河道	钢构架，钢筋混凝土箱型，内有支架
电缆竖井		落差较大的水电站、电缆隧道出口、高层建筑	钢筋混凝土、在大型建筑物内，内有支架

（二）电缆构筑物土建工程的验收

1. 土石方工程的验收

（1）土石方工程竣工后，检查验收下列资料：

1）土石方竣工图。

2）有关设计变更和补充设计的图纸或文件。

3）施工记录和有关试验报告。

4）隐蔽工程验收记录。

5）永久性控制桩和水准点的测量结果。

6）质量检查和验收记录。

（2）土石方工程验收除检查验收相关资料外，还验收挖方、填方、基坑、管沟等工程是否超过设计允许偏差。

2.混凝土工程的验收

（1）钢筋混凝土工程竣工后，检查验收下列资料：

1）原材料质量合格证件和试验报告。

2）设计变更和钢材代用证件。

3）混凝土试块的试验报告及质量评定记录。

4）混凝土工程施工和养护记录。

5）钢筋及焊接接头的试验数据和报告。

6）装配式结构构件的合格证和制作，安装验收记录。

7）预应力筋的冷拉和张拉记录。

8）隐蔽工程验收记录。

9）冬期施工热工计算及施工记录。

10）竣工图及其他文件。

（2）钢筋混凝土工程验收除检查验收相关资料外、还应进行外观抽查。

3.砖砌体工程的验收

（1）砖砌体工程竣工后，检查验收下列资料：

1）材料的出厂合格证或试验检验资料。

2）砂浆试块强度试验报告。

3）砖石工程质量检验评定记录。

4）技术复核记录。

5）冬期施工记录。

6）重大技术问题的处理或修改设计等的技术文件。

（2）施工中对下列项目作隐蔽验收：

1）基础砌体。

2）沉降缝、伸缩缝和防震缝。

3）砖体中的配筋。

4）其他隐蔽项目。

（三）电缆排管和工作井的验收

电缆排管是一种使用比较广泛的土建设施，对排管和与之相配套的工作井，检查验收以下内容：

1.管道和工作井的验收

（1）排管孔径和孔数。电缆排管的孔径和孔数应符合设计要求。

（2）衬管材质的验收。排管用的衬管应物理和化学性能稳定，有一定机械强度，对电缆外护层无腐蚀，内壁光滑无毛刺，遇电弧不延燃。

（3）工作井接地的验收。工作井内的金属支架和预埋铁件要可靠接地，接地方式要与设计相符，且接地电阻满足设计要求。

（4）工作井尺寸的验收。工作井尺寸应符合设计要求，检查其是否有集水坑，是否满足电缆敷设时弯曲半径的要求，工作井内应无杂物、无积水。

（5）工作井间距的验收。由于电缆工作井是引入电缆，放置牵引、输送设备和安装电缆接头的场所，根据高压和中压电缆的允许牵引力和侧压力，考虑到敷设电缆和检修电缆制作接头的需要，两座电缆工作井之间的间距应符合电缆牵引张力限制的间距，满足施工和运行要求。

2. 土建验收

典型的电缆排管结构包括基础、衬管和外包钢筋混凝土。

（1）基础。排管基础通常为道渣垫层和素混凝土基础两层。

1）道渣垫层：采用粒径为 30～80mm 的碎石或卵石，铺设厚度符合设计要求。垫层要夯实，其宽度要求比素混凝土基础宽一些。

2）素混凝土基础：在道渣垫层上铺素混凝土基础，厚度满足设计要求。素混凝土基础浇捣密实，及时排除基坑积水。对一般排管的素混凝土基础，原则上应一次浇完。如需分段浇捣，应采取预留接头钢筋、毛面，刷浆等措施。浇注完成后要做好养护。

（2）排管。

1）排管施工，原则上应先建工作井，再建排管，并从一座工作井向另一座工作井顺序铺设管材。排管间距要保持一致，用特制的 U 形定位垫块将排管固定。垫块不得放在管子接头处，上下左右要错开，安装要符合设计要求。

2）排管的平面位置尽可能保持平直。每节排管转角要满足产品使用说明书的要求，但相邻排管只能向一个方向转弯，不允许有 S 形转弯。

（3）外包钢筋混凝土。排管四周按设计图要求，以钢筋增强，外包混凝土。使用小型手提式振动器将混凝土浇捣密实。外包混凝土分段施工时，留下阶梯形施工缝，每一施工段的长度不少于 50m。

（4）排管与工作井的连接。

1）在工作井墙壁预留与排管断面相吻合的方孔，在方孔的上下口预留与排管相同规格的钢筋作为插铁：排管接入工作井预留孔处，将排管上、下钢筋与工作井预留插铁绑扎。

2）在浇捣排管外包混凝土之前，将工作井留孔的混凝土接触面凿毛（糙），并用水泥浆冲洗。在排管与工作井接口处设置变形缝。

（5）排管疏通检查。为了确保敷设时电缆护套不被损伤，在排管建好后，对各孔管道进行疏通检查。管道内不得有因漏浆形成的水泥结块及其他残留物，衬管接头处光滑，不得有尖突。疏通检查方式是用疏通器来回牵拉，双向畅通。疏通器的管径和长度符合表 3-9 的规定。

表 3-9	疏 通 器 规 格		mm
排管内径	150	175	200
疏通器外径	127	159	180
疏通器长度	600	700	800

在疏通检查中，如发现排管内有可能损伤电缆护套的异物，必须清除。清除方法是用钢丝刷、铁链和疏通器来回牵拉，必要时用管道内窥镜进行探测检查。只有当管道内异物排除，整条管道双向畅通后，才能敷设电缆。

（四）电缆桥架和电缆沟的验收

电缆通过河道，在征得有关部门同意后，可从道路桥梁的人行道板下通过。电缆沟一般用于变配电站内或工厂区，不推荐用于市区道路。电缆沟采用钢筋混凝土或砖砌结构，用预制钢筋混凝土盖板或钢制盖板覆盖，盖板顶面与地面平齐。

对电缆桥架和电缆沟检查验收以下内容：

1. 尺寸和间距

电缆沟尺寸和支架间距符合表 3-10 的规定。

表 3-10 　　　　　　　　　　　　电缆沟内最小允许距离　　　　　　　　　　　　mm

名称		电缆沟深度		
		≤600	600～1000	≥1000
两侧有电缆支架时的通道宽度		300	500	700
单侧有电缆支架时的通道宽度		300	450	600
电力电缆之间的水平净距		不小于电缆外径		
电缆支架的层间净距	电缆为 10kV 及以下	200		
	电缆为 20kV 及以上	250		
	电缆在防火槽盒内	$h+80$		

注 h 指槽盒外壳高度。

2. 支架和接地

电缆支架按结构分，有装配式和工厂分段制造的电缆托架等种类；按材质分，有金属支架和塑料支架。金属支架采用热浸镀锌，并与接地网连接。用硬质塑料制成的塑料支架又称绝缘支架，具有一定的机械强度并耐腐蚀。支架相互间距为 1m。

电缆沟接地网的接地电阻小于 4Ω。

3. 防火措施

（1）选用裸铠装或聚氯乙烯阻燃外护套电缆，不得选用纤维外被层的电缆。电缆排列间距符合表 3-10 的规定。

（2）电缆接头以置于防火槽盒中为宜，或者用防火包带包绕两层。

（3）高压电缆置于防火槽盒内，或敷设于沟底，并用沙子覆盖。

（4）防范可燃性气体渗入。

4. 电缆沟盖板

电缆沟盖板必须满足道路承载要求，钢筋混凝土盖板用角钢包边。电缆沟的齿口也应用角钢保护。盖板尺寸要与齿口相吻合，不宜有过大间隙。

（五）电缆隧道的验收

电缆隧道的验收除需按照土建要求进行验收外，还需对其附属设施进行验收。其检查验收内容如下：

1. 照明

从两端引入低压照明电源，并间隔布置灯具，设双向控制开关。灯具选用防潮、防爆型。

2. 通风

隧道通风有自然通风和强制排风两种方式。市区道路上的电缆隧道，可在有条件的绿化地带建设进、出风竖井，利用进、出风竖井高度差形成的气压，使空气自然流通。强制排风需安装送风机，根据隧道容积和通风要求进行通风计算，以确定送风机功率和自动开机与关机的时间。采用强制排风可以提高电缆载流量。

3. 排水

整条隧道应有排水沟道，且必须有自动排水装置。隧道中如有渗漏水，将集中到两端集水坑中，当达到一定水位时，自动排水装置启动，用排水泵将水排至城市下水道。

4. 消防设施

为了确保电缆安全，电缆隧道中必须有可靠的消防措施。

（1）隧道中不得采用有纤维绕包外护层的电缆，应选用具有阻燃性能、不延燃的外护套电缆。在不阻燃电缆外护层上，涂防火涂料或绕包防火包带。

（2）应用防火槽盒。高压电缆应该用耐火材料制成的防火槽盒全线覆盖，如果是单芯电缆，可呈品字形排列，三相罩在一组防火槽中。防火槽两端用耐火材料堵塞。

（3）安装火灾报警和自动灭火装置。

三、电缆工程竣工技术资料

（一）电缆线路竣工资料的种类

电缆线路工程竣工资料包括施工文件、技术文件和相关资料。

（二）电缆工程施工文件

（1）电缆线路工程施工依据性文件，包括经规划部门批准的电缆路径图（简称规划路径批件）施工图设计书等。

（2）土建及电缆构筑物相关资料。

（3）电缆线路安装的过程性文件，包括电缆敷设记录、接头安装记录、设计修改文件和修改图。电缆护层绝缘测试记录，油样试验报告，压力箱、信号箱、交叉互联箱和接地箱安装记录。

（三）电缆工程技术文件

（1）由设计单位提供的整套设计图纸。

（2）由制造厂提供的技术资料，包括产品设计计算书、技术条件、技术标准、电缆附件安装工艺文件、产品合格证、产品出厂试验记录及订货合同。

（3）由设计单位和制造厂商签订的有关技术协议。

（4）电缆线路竣工试验报告。

（四）电缆工程竣工验收相关资料

电缆线路工程属于隐蔽工程，电缆线路建设的全部文件和技术资料是分析电缆线路在运行中出现的问题和需要采取措施的技术依据。电缆工程竣工验收相关资料主要包括以下内容：

（1）原始资料。电缆线路施工前的有关文件和图纸资料称为原始资料，主要包括工程计划任务书、线路设计书、管线执照、电缆及附件出厂质量保证书及有关施工协议书等。

（2）施工资料。电缆和附件在安装施工中的所有记录和有关图纸称为施工资料，主要包括电缆线路图、电缆接头和终端装配图，安装工艺和安装记录，电缆线路竣工试验报告。

1）电缆敷设后必须绘制详细的电缆线路走向图。直埋电缆线路走向图的比例一般为1∶500；地下管线密集地段应取1∶100，管线稀少地段可用1∶1000。平行敷设的线路尽量合用一张图纸，但必须标明各条线路的相对位置，并绘出地下管线断面图。

2）原始装置情况，包括电缆额定电压、型号、长度、截面积、制造日期、安装日期、制造厂名，以及电缆接头与终端的规格型号、安装日期和制造厂名。

（3）共同性资料。与多条电缆线路相关的技术资料为共同性资料，主要包括电缆线路总图、电缆网络系统接线图、电缆在管沟中的排列位置图、电缆接头和终端的装配图、电缆线路土建设施的工程结构图等。

第三节　高压电缆线路运行维护

一、电缆线路运维内容

为满足电网和用户不间断供电，以先进科学技术、经济高效手段、提高电缆线路的供电可靠率和电缆线路的可用率，确保电缆线路安全经济运行，应对电缆线路进行运行维护。范围如下：

（一）电缆本体及电缆附件

1. 检查周期

（1）敷设在土中、隧道中以及沿桥梁架设的电缆，每3个月至少检查一次，根据季节及基建工程特点应增加检查次数。

（2）电缆竖井内的电缆，每半年至少检查一次。

（3）水底电缆线路，根据具体现场需要规定，如水底电缆直接敷于河床上，可每年检查一次水底线路情况，在潜水条件允许下，派遣潜水员检查电缆情况，当潜水条件不允许时，可测量河床的变化情况。

（4）发电厂、变电所的电缆沟、隧道、电缆井、电缆支架及电缆线段等的巡查，至少每3个月一次。

（5）对于挖掘暴露的电缆，按工程情况，酌情加强巡视。

2. 检查项目

（1）检查电缆终端绝缘子完整、无损，清洁、无污垢，引出线的连接夹紧固、无发热。

（2）电缆终端无漏油、溢胶、放电、发热等现象，一旦发现应及时处理。

（3）检查各路电缆终端接地良好，无松动、断股和锈蚀等现象。

（4）电缆终端检查时间要求。各类电缆终端一般在运行1~3年后，停电打开填注孔塞头或顶盖，检查盒内绝缘胶有无水分、空隙及裂缝等缺陷，如发现应加以排除后再送电运行。电缆终端的巡视要求是户外电缆终端每 3 个月巡视一次，户内电缆终端巡视检查应同时检查开关柜、分支柜。

（二）电缆线路的附件设施

1. 种类

（1）电缆附件设备（电缆接地线、交叉互联线、回流线、电缆支架、分支箱、交叉互联箱、接地箱信号装置、通风装置、照明装置、排水装置、防火装置、供油装置）的日常巡查维护。

（2）电缆线路附件其他设备（环网柜、隔离开关、避雷器）的日常巡查维护。

（3）电缆线路（电缆沟、电缆管道、电缆井、电缆隧道、电缆竖井、电缆桥梁、电缆架）的日常巡查维护。

2. 检查项

（1）工作井和排管内的积水无异常气味。电缆支架及挂钩等铁件无腐蚀现象。井盖和井内通风良好，井体无沉降、裂缝。工作井内电缆位置正常，电缆无跌落，接头无漏油，接地良好。

（2）电缆沟、隧道和竖井的门锁正常，进出通道畅通。隧道内无渗水、积水。

（3）隧道内的电缆要检查电缆位置正常，电缆无跌落。电缆和接头的金属护套与支架间的绝缘垫层完好，在支架上无硌伤。支架无脱落。

（4）隧道内电缆防火包带、涂料、堵料及防火槽盒等完好，防火设备、通风设备完善正常，并记录室温。

（5）隧道内电缆接地良好，隧道照明设备完善。

（6）水底电缆线路的巡查，水底电缆线路的河岸可视警告标志清晰，夜间灯光明亮。

二、电缆线路运行维护基内本容

1. 电缆线路的巡查

（1）运行部门根据《电力法》及有关电力设施保护条例，宣传保护电缆线路的重要性，了解和掌握电缆线路上的一切情况，做好保护电缆线路的防外力破坏工作。

（2）巡查各种电压等级的电缆线路，观察路面状态正常与否。

（3）巡查各种电压等级的电缆线路有无化学腐蚀、电化学腐蚀、虫害鼠害迹象。

（4）对运行电缆线路的绝缘（电缆油）进行事故预防监督工作：

1）电缆线路截流量应按 DL/T 1253《电力电缆线路运行规程》中规定，原则上不允许过负荷，每年夏季高温或冬、夏电网负荷高峰期，定期开展多根电缆并列运行的电缆线路截流量巡查及负荷电流监视。

2）电力电缆比较密集和重要的运行电缆线路，定期开展电缆表面温度测量。

3）电缆线路上，定期开展（交联电缆、油纸电缆）绝缘变质预防监视。

2. 电缆线路设备连接点的巡查

（1）户内电缆终端巡查的检修维护。

（2）户外电缆终端巡查的检修维护。

（3）单芯电缆保护器定期检查与检修维护。

（4）分支箱内电缆终端定期检查与检修维护。

3. 电缆线路附属设备的巡查

（1）各类线架（电缆接地线、交叉互联线、回流线、电缆支架）定期巡查和检修维护。

（2）各类箱型（分支箱、交叉互联箱、接地箱）定期巡查和检修维护。

（3）各类装置（信号装置、通风装置、照明装置、排水装置、防火装置、供油装置）巡查：

1）装有自动信号控制设施的电缆井、隧道、竖井等场所定期检查和检修维护。

2）装有自动温控机械通风设施的隧道、竖井等场所定期检查和检修维护。

3）装有照明设施的隧道、竖井等场所定期检查和检修维护。

4）装有自动排水系统的电缆井、隧道等场所定期检查和检修维护。

5）装有自动防火系统的隧道、竖井等场所定期检查和检修维护。

6）装有油压监视信号、供油系统及装置的场所定期检查和检修维护。

7）其他设备（环网柜、隔离开关、避雷器）的定期巡查和检修维护。

4. 电缆线路构筑物的巡查

（1）电缆管道和电缆井的定期巡查和检修维护。

（2）电缆沟、电缆隧道和电缆竖井定期巡查和检修维护。

（3）电缆桥架及过桥电缆、电缆桥架的定期巡查和检修维护。

三、电缆线路运行维护要求

1. 电缆线路运行维护分析

（1）对有负荷运行记录或经常处于满负荷或接近满负荷运行电缆线路，加强电缆绝缘监测，并记录数据分析。

（2）对运行中的电缆线路户内、户外终端及附属设备所处环境，检查电缆线路运行环境和有无机械外力，以及对电缆本体及附件设备有影响的因素存在。

（3）积累电缆故障原因分析资料，调查故障的现场情况和检查故障实物，并收集安装和运行原始资料进行综合分析。

（4）对电缆绝缘老化状况变化的监视，对油纸电缆和交联电缆线路运行中的在线监视，记录绝缘监测数据，进行寻找老化原因分析。

2. 制定电缆线路反事故对策

（1）加强运行管理和完善管理机制，对电缆线路安装施工进行控制、电缆线路设备运行前验收把关、竣工各类资料等均作到动态监视和全过程控制。

（2）改善电缆线路运行环境，消除对电缆线路安全运行构成威胁的各种环境影响因素和其他影响因素。

（3）使电缆安全经济运行，对电缆线路运行设备老化等状况，有更新改造具体方案和实施计划。

（4）使电缆线路适应电网和用户供电需求，对不适应电网和用户供电需求的电缆线路，重新规划布局，实施调整。

3. 电缆线路运行技术资料管理

（1）电缆线路的技术资料管理是电缆运行管理的重要内容之一。电缆线路工程属于隐蔽工程，电缆线路建设和运行全部文件和技术资料是分析电缆线路在运行中出现问题和确定采取措施的技术数据。

（2）建立电缆线路一线一档案管理制度，每条线路技术资料档案包括以下四大类资料。

1）原始资料：电缆线路施工前的有关文件和图纸资料存档。

2）施工资料：电缆和附件在安装施工中的所有记录和有关图纸存档。

3）运行资料：电缆线路在运行期间逐年积累的各种技术资料存档。

4）共同性资料：与多条电缆线路相关的技术资料存档。

（3）电缆线路技术资料保管。运行管理部门应制定电缆线路技术资料档案管理制度。

4. 电缆线路运行信息管理

（1）建立电缆线路运行维护信息计算机管理系统。

（2）运行部门管理人员和巡查人员应及时输入和修改电缆运行数据。

（3）建立电缆运行计算机的各项制度，做好计算机操作员培训工作。

（4）电缆运行信息计算机管理系统设有专人负责电缆运行、计算机硬件和软件系统的日常维护工作。

四、电缆线路运行维护技术规程

1. 电缆线路基本规定

（1）电缆线路的最高点与最低点之间的最大允许高度差符合电缆技术规定。最高点和最低点的允许高度差见表 3-11。

表 3-11　　　　　　　　　　　最高点和最低点的允许高度差　　　　　　　　　　　m

电压（kV）	有无铠装	高度差
1~3	铠装	25
	无铠装	20
6~10	铠装或无铠装	15
20~35	铠装或无铠装	5

（2）电缆的最小弯曲半径符合电缆敷设技术规定。电缆敷设和运行时的最小弯曲半径见表 3-12。

表 3-12　　　　　　　　　　　电缆敷设和运行时的最小弯曲半径

项目	35kV 及以下的电缆				66kV 及以上的电缆
	单芯		三芯电缆		
	无铠装	有铠装	无铠装	有铠装	
敷设时	20D	15D	15D	12D	20D
运行时	15D	12D	12D	10D	15D

注　1. D 为成品电缆标称外径。
　　2. 非本表范围电缆的最小弯曲半径按制造厂提供的技术资料的规定。

(3) 电缆在最大短路电流作用时间产生热效应满足热稳定条件。

(4) 电缆在正常运行时不允许超负荷。

(5) 电缆线路运行中不允许将三芯电缆中的一芯接地。

(6) 电缆线路的正常工作电压一般不得超过电缆额定电压的 15%。

(7) 运行中电缆线路接头、金属护套、金属外壳保持良好的电气连接。

(8) 充油电缆线路正常运行时油压在稳定范围。

(9) 电缆线路及其附属设备按周期性检修维护。

2. 单芯电缆运行技术规定

(1) 在三相系统中，采用单芯电缆时，3 根单芯电缆之间距离确定要结合金属护套或外屏蔽层感应电压和产生损耗等全面综合考虑。

(2) 除了充油电缆和水底电缆外，单芯电缆的排列尽可能组成紧贴的正三角形。三相线路使用单芯电缆或分相铅包电缆时，每相周围无紧靠铁件构成的铁磁闭合环路。

(3) 单芯电缆金属护套上一点非接地的正常感应电压无安全措施不得大于 50V 或有安全措施不得大于 300V。

(4) 单芯电缆当金属护套正常感应电压无安全措施大于 50V 或有安全措施大于 300V 时对金属护套设备设置（回流线）遮蔽。

3. 电缆线路安全技术规定

(1) 电缆安装在沟道及隧道内，对防火要求、允许时间、电缆固定、电缆接地、防锈、排水、通风、照明等的技术要求。

1) 电缆沟和隧道与煤气（或天然气）管道临近平行时，做好防止煤气（或天然气）泄漏进入沟道的措施。

2) 敷设在隧道内和不填沙土的电缆沟内的电缆采用非易燃性外护套的电缆。电缆线路如有接头在接头周围采取防止火焰蔓延的措施。电缆沟与电缆隧道的防火要求还应符合 GB 50059《35kV～100kV 变电站设计规范》、DL/T 5218《220kV～750kV 变电站设计技术规程》的有关规定。

3) 电缆支架的层间垂直距离满足能方便地敷设电缆及其固定，安装接头的要求，在多根电缆同置一层支架时，有更换或增设任何一电缆的可能，电缆支架之间最小净距不宜小于表 3-13 的规定。

表 3-13　　　　　　　　　　　　电缆支架层间垂直最小净距　　　　　　　　　　　　　mm

电压等级	电缆隧道	电缆沟
10kV 及以下	200	150
35kV	250	200
66～500kV	2D+50	2D+50

注　D 为电缆外径。

4) 电缆隧道和沟道的全长应装设有连续的接地线，接地线的两头和接地极联通，所有接地极均采用热镀锌处理。电缆线路两终端部位金属外层应接地。

5）电缆沟和隧道有不小于 0.5％的纵向排水坡度。电缆沟沿排水方向适当距离设置集水井，电缆隧道底部有流水沟，必要时设置排水泵，排水泵有自动启闭装置。

6）电缆隧道有良好的通风、照明、通信和防火设施，必要时设置安全出口。

（2）防火与阻燃。

1）变电站电缆夹层、电缆竖井、电缆隧道、电缆沟等空气中敷设的电缆选用阻燃电缆。

2）在上述场所已经运行的非阻燃电缆包绕防火包带或涂防火涂料。电缆穿越建筑物孔洞处，必须用防火封堵材料堵塞。

3）隧道中设置防火墙或防火隔断；电缆竖井中分层设置防火隔板；电缆沟每隔一定的距离应采取防火隔离措施。电缆通道与变电站和重要用户的接合处设置防火隔断。

（3）电缆安装在桥梁架上，对防震、防火、防腐蚀的要求。

1）敷设在桥梁上的电缆如经常受到震动，应加垫弹性材料制成的衬垫（如沙枕、弹性橡胶等）。桥墩两端和伸缩缝处留有松弛部分，以防电缆由于桥梁结构胀缩而受到损伤。

2）敷设于木桥上的电缆置于耐火材料制成的保护管或槽盒中，管的拱度不应过大，以免安装或检修管内电缆时拉伤电缆。

3）露天敷设时尽量避免太阳直接照射，必要时可加装遮阳罩。

（4）电缆敷设在排管内，对电缆选型、排管材质、电缆工作井位置的技术要求。

1）敷设在排管内的电缆使用加厚的裸铅包或塑料护套的电缆。排管使用对电缆金属包皮没有化学作用的材料做成，排管内表面应光滑。

2）电缆工作井位置和间距根据电缆施工时的允许拉力，可按电缆的制造长度和地理位置等确定，一般不大于 200m。

3）选择排管路径时，尽可能取直线，在转弯和折角处增设工作井。在直线部分，两工作井之间的距离不大于 150m，排管在工作井处的管口应封堵。

4）工作井尺寸应考虑电缆弯曲半径和满足接头安装的需要，工作井高度应使工作人员能站立操作，工作井底应有集水坑，向集水坑泄水坡度不应小于 0.3％。

5）在敷设电缆前，应疏通检查排管内壁有无尖刺或其他障碍物，防止敷设时损伤电缆。

6）管的内径不小于电缆外径或多根电缆包络外径的 1.5 倍，一般不小于 150mm。

7）在 10％以上的斜坡排管中，在标高较高一端的工作井内设置防止电缆因热伸缩而滑落的构件。

（5）电缆安装的其他要求，如对气候低温电缆敷设、电缆防水、电缆终端相间及对地距离、电缆线路铭牌、安装环境等的技术要求。

1）电缆沟、隧道及工作井内的电缆和中间接头，以及电缆两端头均应安装铭牌、记载线路名称或编号等。新建及大修后，校核电缆两端所挂铭牌是否相符。电缆终端头相位颜色应明显，并与电力系统的相位符合。

2）安装电缆、接头或终端头的施工人员为经过专门训练的合格的电缆技工。

3）安装电缆接头或终端头在气候良好的条件下进行。尽量避免在雨天、风雪天或湿度较大的环境下安装，安装户外接头或终端头工作，还须有防止尘土和外来污物的措施。

4. 电缆线路运行故障预防技术规定

（1）电缆化学腐蚀是电缆线路埋设在地下，长期受到环境中化学成分影响，导致电缆异常运行甚至发生故障。

（2）电缆电化学腐蚀指电缆运行时，部分杂散电流流入电缆，使其外并导电层逐步受到破坏，因长期受到周围环境中直流杂散电流影响，导致电缆异常运行甚至发生故障。

（3）电缆线路无固体、液体、气体化学物质引起的腐蚀生成物。

（4）电缆线路无杂散（直流）电流引起电化学腐蚀。

（5）直接埋设在地下的电缆线路塑料外护套受白蚁、老鼠侵蚀情况，应及时采取灭治处理。

（6）电缆运行部门应了解有腐蚀的地区，必须对电缆线路上的各种腐蚀作分析，并有专档记录腐蚀分析的资料。设法杜绝腐蚀的来源，及时采取防止对策，并会同有关单位，共同做好防腐蚀处理。

第四节　高压电缆线路试验

电力电缆投运前可能存在因设计不合理、工艺制造缺陷、运输过程损坏、安装施工工艺不良等导致的绝缘性能下降而不满足运行条件的潜在风险，因此其投运前交接及诊断性试验意义重大。电缆线路交接耐压试验主要有耐压试验、局部放电试验及接地系统等试验项目，其要求如下：

（1）电缆交接试验一般要求。对电缆的主绝缘进行耐压试验或绝缘电阻测量时，分别在每一相上进行。对一相进行试验或测量时，其他两相导体和金属屏蔽（金属套）一起接地。试验结束后应对被试电缆进行充分放电。对金属屏蔽（金属套）一端接地，另一端装有护层电压限制器的单芯电缆主绝缘做耐压试验时，应将护层电压保护器短接，使这一端的电缆金属屏蔽（金属套）临时接地。对于采用交叉互联接地的电缆线路，对交叉互联箱进行分相短接处理，并将护层电压保护器短接。

（2）主绝缘交流耐压试验要求。采用频率范围为 $20\sim300\mathrm{Hz}$ 的交流电压对电缆线路进行耐压试验，对 66kV 及以上电缆线路，在主绝缘交流耐压试验期间同步开展局部放电检测。

（3）局部放电测试试验要求。对 35kV 及以下电缆线路，交接试验宜开展局部放电检测。对 66kV 及以上电缆线路，在主绝缘交流耐压试验期间同步开展局部放电检测。

（4）外护套直流电压试验要求。对单芯电缆外护套以及接头外保护层施加 10kV 直流电压试验时间 1min。

一、变频耐压试验技术

（一）耐压试验技术对比分析

目前交联聚乙烯电缆交流耐压试验主要有超低频耐压试验、振荡波耐压试验、调感式工频串联谐振试验、变频串联谐振耐压试验。

（1）超低频耐压试验是鉴定交联聚乙烯绝缘强度的直接方法，CIGREWG21.09 工作组推荐将超低频耐压试验用于中低压交联聚乙烯电缆绝缘耐压试验。由于使用的频率较低，可以降低试验设备的容量，减小试验设备的体积和质量，因此超低频耐压试验适合现场应用。但是该试验的缺点是试验条件与工频耐压下的一致性较差，在高压、超高压电缆耐压试验应用较少。

（2）振荡波耐压试验是直流电源给电缆充电，通过一组串联电阻和电抗放电，形成阻尼振荡电压。阻尼振荡波电压源频率范围为 $20\sim300\mathrm{Hz}$，广泛应用于低压电缆，但其在高压电缆中的应用尚需积累经验。

（3）调感式工频串联谐振试验的主要原理是通过调节电抗器的感抗来与被试品在 50Hz 频率时谐振，从而产生工频高压。其在电缆耐压试验时具有波形好、自我保护能力强的优点；但是其电感调节结构、系统品质提升能力等问题使其在现场应用中受到限制。

（4）变频串联谐振耐压试验通过改变系统频率使电抗器与试验电缆形成谐振，从而在试验电缆上产生高电压。由于其品质因数较高，其试验所需电源容量远小于被试品的试验容量，降低了对供电系统的要求。另外，试验频率为 $20\sim300\mathrm{Hz}$，与传统工频耐压等效性好。变频串联谐振耐压试验设备还具有对试品损伤小、试验设备功率小、现场实施可行性好的优点，被认为是目前最切实可行和经济有效的高压试验方法。

（二）变频耐压试验技术标准

高压电缆耐压试验目前使用的标准有国际大电网会议推荐标准、IEC 标准、国家标准及企业标准。根据高压电缆耐压试验标准，可为高压电缆的现场耐压试验提供依据。

CIGREWG21.09 在《高压挤包绝缘电力电缆竣工试验建议导则》中推荐 $60\sim500\mathrm{kV}$ 电缆现场试验使用工频或类似工频（$30\sim300\mathrm{Hz}$）的交流电压，具体如表 3-14 所示。

表 3-14　　　　　　　　　CIGREWG21.09 推荐的电缆试验电压

额定相间电压 $U(\mathrm{kV})$	试验电压	耐压时间（min）
$60\sim115$	$2.0U_0$	60
$139\sim150$	$1.7U_0$	60
$220\sim230$	$1.4U_0$	60
$275\sim345$	$1.3U_0$	60
$380\sim400$	$1.2U_0$	60
500	$1.1U_0$	60

注　U_0 为电缆导体对金属屏蔽之间的额定工频电压。

IEC 60840《额定电压 30kV 以上至 150kV 挤包绝缘电力电缆及其附件——试验方法和要求》以及 IEC 62067《额定电压 150kV 以上至 500kV 挤包绝缘电力电缆及附件——试验方法和要求》规定的 $30\sim500\mathrm{kV}$ 电压等级电缆耐压试验要求如表 3-15 所示。

表 3-15　　　　　IEC 60840、IEC 62067 有关试验标准规定的电缆试验电压

电压等级（kV）	试验电压	时间（s）
30～110	$2U_0$	60
220	$1.4U_0$ 或 $1.7U_0$	60
330	$1.4U_0$ 或 $1.7U_0$	60
500	$1.4U_0$ 或 $1.7U_0$	60

GB/T 11017.1《额定电压 110kV（U_m=126kV）交联聚乙烯绝缘电力电缆及其附件
第 1 部分：试验方法和要求》、GB/T 18890《额定电压 220kV（U_m=252kV）交联聚乙烯
绝缘电力电缆及其附件》（所有部分）及 GB/T 22078.1《额定电压 500kV（U_m=550kV）
交联聚乙烯绝缘电力电缆及其附件　第 1 部分：额定电压 500kV（U_m=500kV）交联聚乙
烯绝缘电力电缆及其附件——试验方法和要求》建议的电缆耐压试验要求如表 3-16 所示。

表 3-16　　　　　GB/T 11017.1、GB/T 18890（所有部分）、GB/T 22078.1
有关挤包绝缘电缆推荐试验电压

电压等级（kV）	试验电压	试验时间（min）
110	$2U_0$	60
220	$1.4U_0$ 或 $1.7U_0$	60
500	$1.1U_0$ 或 $1.7U_0$	60

GB 50150《电气装置安装工程　电气设备交接试验标准》规定的橡塑电缆 20～300Hz
交流耐压试验的试验要求如表 3-17 所示。

表 3-17　　　　　GB 50150 有关电气装置工程电气设备交接规定试验电压

额定电压（kV）	试验电压	试验时间（min）
35～110	$2U_0$	60
220	$1.7U_0$ 或 $1.4U_0$	60
330	$1.7U_0$ 或 $1.3U_0$	60
500	$1.7U_0$ 或 $1.1U_0$	60

Q/GDW 11316《电力电缆线路试验规程》规定新投运电缆线路采用 20～300Hz 的交流电
压对电缆线路进行耐压试验，交联聚乙烯电缆线路交流耐压试验的试验要求如表 3-18 所示。

表 3-18　　　　　　　　有关交联聚乙烯电缆交流耐压试验的要求

额定电压（kV）	试验电压	时间（min）
35～110	$2U_0$	60
220	$1.7U_0$	60
330	$1.7U_0$	60
500	$1.7U_0$	60

综上对比分析可知，对于 110kV 高压电力电缆交接耐压试验，各标准在试验电压和试
验时间上无差别；而对于 220kV 及以上电力电缆交接耐压试验，Q/GDW 11316《电力电缆
线路试验规程》规定采用 $1.7U_0$、60min 的耐压试验，IEC 60840《额定电压 30kV 以上至

150kV 挤包绝缘电力电缆及其附件——试验方法和要求》、IEC 62067《额定电压 150kV 以上至 500kV 挤包绝缘电力电缆及附件——试验方法和要求》、GB/T 11017.1《额定电压 110kV（U_m＝126kV）交联聚乙烯绝缘电力电缆及其附件　第 1 部分：试验方法和要求》、GB/T 18890《额定电压 220kV（U_m＝252kV）交联聚乙烯绝缘电力电缆及其附件》及 GB/T 22078.1《额定电压 500kV（U_m＝550kV）交联聚乙烯绝缘电力电缆及其附件　第 1 部分：额定电压 500kV（U_m＝550kV）交联聚乙烯绝缘电力电缆及其附件——试验方法和要求》规定试验电压可通过协商的方式采用 $1.7U_0$ 或者 $1.4U_0$，CIGRE 更是推荐电压采用 $1.4U_0$。由此可见，Q/GDW 11316《电力电缆线路试验规程》对高压电缆交接试验电压要求更高。

（三）变频耐压试验基本原理

变频耐压试验通过改变系统频率使电抗器与试验电缆形成谐振，从而在试验电缆上产生高电压。根据谐振原理，当电抗器 L 的感抗值 X_L 与回路中的容抗值 X_C 相等时，回路达到谐振状态。此时，回路中仅回路电阻 R 消耗有功功率，而无功功率则在电抗器与试品电容之间来回振荡，从而在试品上产生高压。

变频耐压试验由于其与工频电压良好的等效性，以及由于采用谐振耐压试验装置而使电源系统质量减轻，具有良好的现场可操作性，其优点如下：

（1）变频耐压试验频率为 20～300Hz，变频串联谐振耐压试验与工频耐压试验等效性好。

（2）类型设备因体积小、质量小、谐振频率易于调节，因而宜在现场试验中使用。

（3）由于其品质因数较高，其试验所需电源容量远小于被试品的试验容量，降低了对供电系统的要求。

（4）变频耐压试验设备具有对试品损伤小、试验设备功率小、现场实施可行性好的优点。

（四）典型设备

目前，变频耐压试验系统一般由变频柜、励磁变压器、电抗器、分压器等主要设备组成，如图 3-1 所示。高压试验系统的组件和负载（被试验的电力电缆）组成某个固有频率的振荡电路。

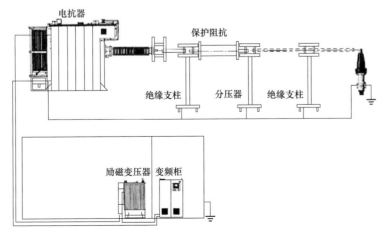

图 3-1　调频串联谐振接线图

高压串联谐振的主回路主要由被试品电容和电抗器组成。激励变压器的高压绕组提供谐振频率的激励电压，为高压主回路提供持续稳定的谐振，不同试品电容下靠调节频率达到谐振。调频调压回路主要由变频器、调压器及滤波器组成。由于大功率电力电子技术的应用，所以调频串联谐振系统的品质因数非常高。

目前，国内外典型设备的区别主要是电抗器不同，分为绝缘管式电抗器变频耐压试验装置和金属外壳式电抗器变频耐压试验装置。

1. 绝缘管式电抗器变频耐压试验装置

绝缘管式电抗器变频耐压试验装置的主要设备有开关柜、变频电源、励磁变压器、电抗器、电容分压器兼耦合电容器、控制和测量装置。

国外的绝缘管式电抗器变频耐压试验装置有 HVRF 系列，国内有扬州鑫源 XZF 系列、上海思源 VFSR 系列、苏州华电 HDSR-F 系列和苏州海沃 HVRF 系列，如图 3-2 所示。

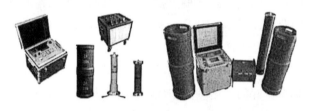

图 3-2　绝缘管式电抗器变频耐压试验装置

2. 金属外壳式电抗器变频耐压试验装置

目前金属外壳式电抗器变频耐压试验装置较典型的结构由金属外壳式电抗器、变频柜、隔离阻抗、分压器、励磁变压器等多个独立设备组成。该类型设备的电抗器容量大，设备体积大，现场吊装难度大，一般现场应用时多采用车载改装。车载改装可有效利用空间，既使变频柜、励磁变压器、分压器、隔离阻抗、绝缘支撑、连接电缆和其他附件安全可靠地固定，不受运输时外部震动的影响，也能方便地取出搭建现场试验平台。

目前该产品主要为德国的 WRVT 系列，如图 3-3 所示。

图 3-3　车载金属外壳式电抗器
变频耐压试验装置

3. 两种电抗器的区别

（1）绝缘管式一般由单极和串级组成，一般绝缘管材料为环氧增强玻璃纤维，通常在额定电流下短时间工作。

（2）绝缘管式容量较小，现场串接、并接或串并接。串、并接要求有足够多的底座，同时至少有一组具有足够的稳定度，能调节水平，有起吊装置。

（3）受制于成本及工艺水平，绝缘管式组成的谐振系统试验品质因数较小，一般不超过 100。

（4）金属外壳式主要应用于大容量试品，品质因数较大，一般为 100～200。

（5）金属外壳式单台容量大，一般采用车载结构，现场不需要吊装，操作方便。

进行电力电缆交接耐压试验时，相关人员应熟悉电力电缆的耐压实验前准备工作、劳动组织及人员要求、工器具与仪器仪表准备、危险点分析与预防控制措施、试验接线，以及耐压验收报告编写的工作要点和注意事项。

二、分布式局部放电检测技术

（一）分布式局部放电检测基本原理

1. 局部放电基本原理

高压电力电缆绝缘内部产生局部放电由多种因素导致，主要有气泡、杂质、导体表面的毛刺等，而这些就是发生局部放电的根源。

图 3-4（a）中，c 为气隙，δ 代表气隙的厚度，b 为与气隙串联部分的介质，t 为绝缘介质的厚度，a 为除了 b 之外其他部分的介质。假定这一介质处于平行板电极之中，在交流电场作用下气隙和介质中的放电过程可以用图 3-4（b）所示的等效电路来分析。

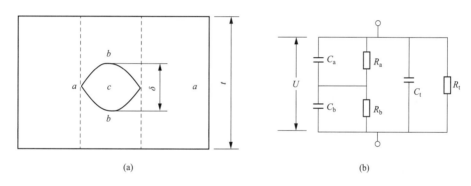

(a)　　　　　　　　　　　　　　　(b)

图 3-4　局部放电的等效电路

（a）绝缘材料内部含气隙图；（b）绝缘材料内部含气隙等效电路

交变电场中气隙的电场强度比介质中的电场强度高。另外，气体的击穿场强，即气隙发生击穿时的电场强度一般比固体的击穿场强低。因此，当外加电压足够高时，气隙首先被击穿，而周围的介质仍然保持其绝缘特性，电极之间并没有形成贯穿性的通道，这种现象就称为局部放电。

2. 局部放电检测的方法

局部放电作为电缆线路绝缘故障早期的主要表现形式，既是引起绝缘老化的主要原因，又是表征绝缘状况的主要特征参数。电力电缆局部放电与绝缘状况密切相关，局部放电的发生预示着电缆绝缘存在可能危及电缆安全的运行缺陷，因此局部放电检测是非常重要的状态检测手段之一。

国内外众多学者已针对电缆线路中局部击穿放电表现出的电、声、光、热、化学等现象对应地研究相关检测方法，如电测法、声测法、光测法等。

其中，电缆交接局部放电试验采用的方法为高频电磁耦合法，即将交联聚乙烯电缆接地线中的局部放电电流信号通过电磁耦合线圈与测量回路相连，通过电磁耦合来测量局部放电电流，在电缆和测量回路间没有直接的电气连接，如图 3-5 所示。

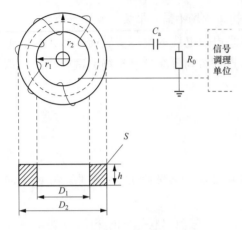

图 3-5　高频电磁耦合法示意图

图 3-5 中 C_a 表示等效电容，R_0 表示接地电阻，D_1 表示耦合线圈的内径，D_2 表示耦合线圈的外径，S 表示线圈的截图 3-5 面积。高频电磁耦合法是一种测量电气设备局部放电的有效方法，较早应用于发电机、变压器的绝缘监测，近几年也应用于交联聚乙烯电缆的局部放电检测中。基于高频电磁耦合法原理的交联聚乙烯电缆局部放电的检测装置有很多，且传感器材料、传感器结构、检测位置、抗干扰措施等各有不同。高频电磁耦合法通常采用高频的铁氧体磁芯的宽频带罗戈夫斯基线圈型电流传感器，主要测量位置在电缆终端金属屏蔽层接地引线、中间接头金属屏蔽连接线、电缆本体和三芯电缆的单相电缆等位置。当电缆中存在局部放电时，金属屏蔽层中将感应出脉冲电流，当其流经传感器时会在二次绕组上感应出信号，这样便可获取局部放电信息。

高频电磁耦合法的优点是结构简单，安装方便，与电缆无直接电气连接，不需要在高压端通过耦合电容器来取得局部放电信号，适用于电缆金属护层带有接地引出线时的现场检测，技术相对成熟，应用较广泛。高频电磁耦合法的缺点是高频信号传输时衰减严重，影响灵敏度；检测频段在数十赫兹到数十兆赫兹之间，易受外界噪声干扰。

3. 分布式局部放电检测基本原理

由于交接试验现场情况复杂，接头数多，因此现场采用分布式方法进行局部放电检测。该技术是在同一条电力电缆线路上同时布置多个测试点，同时对每个测试点的局部放电数据进行精确同步采样，将每个测试点的局部放电数据上传至远程服务器进行异地存储和实时分析。由于局部放电信号在电力电缆上经过一段时间传输后，其时域和频域同时发生了衰减，因此通过判断衰减程度可以实现对电缆绝缘缺陷的识别和定位。对存储在远程服务器上的局部放电数据进行分析，还可以充分地挖掘局部放电数据的二次利用价值，更好地判断局部放电信号来自电缆内部还是外部干扰。

分布式局部放电必须分别在电缆各中间接头、终端处布置局部放电采集单元，各局部放电采集单元通过光纤通信渠道与处理终端主机相连接，从而实现对电缆线路整体局部放电状态的检测。由此可见，分布式局部放电检测系统由 3 个部分组成：分布式局部放电采集单元、分布式局部放电通信单元和分布式局部放电采集工作计算机。分布式局部放电检测系统总体框图如图 3-6 所示。

（二）典型设备

目前，分布式局部放电检测主要采用光缆通信分布式局部放电检测装置和无线通信分布式局部放电检测装置两种，两者区别如下：

（1）光缆通信分布式局部放电检测装置采用光纤通信，与采集单元串接形成通信回路，设备采集、通知信息通过光信号进行传输，干扰小，传输数据容量大，响应速度快，适用于隧道等隐蔽工程应用。其缺点是光纤脆弱，连接接口粉尘污染等容易引起通信中断，对长距离电缆分布式局部放电检测测量中断点查询难度大、周期长，延长了试验时间；局部放电采集单元为单通道串行方式，测试换接线工作量大。

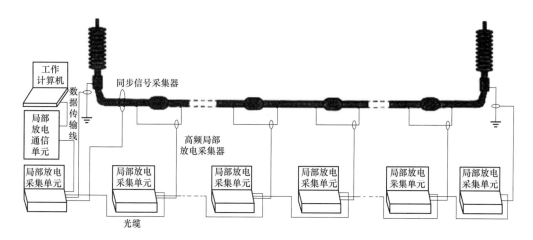

图 3-6　分布式局部放电检测系统总体框图

（2）无线通信分布式局部放电检测装置采用无线通信网络，采集单元通过无线通信网络与近端收发单元实现局部放电采集信息和控制信息的传输，其优点为设备安装方便，采用三通道采集，试验期间不需要换接线，工作量小；设备通信稳定，不易出现故障。其缺点为信号传输容量小，响应慢；在没有无线通信网络的区域（如隧道）无法运用。

（3）光缆通信分布式局部放电检测装置及无线通信分布式局部放电检测装置除通信方式有差异外，其时域测试范围、频域测试范围、带宽、网络段长度、可视化特征及故障定位特征等基本相同。

1）时域测试范围是局部放电测试的时域范围，一般最小值在纳秒级，最大值在微秒级。

2）频域测试范围指系统可测试的局部放电检测频率范围，一般为 0～50MHz。

3）带宽表示系统的滤波功能，选择不同的带宽可对不同波段的信号进行滤波处理。

4）网络段长度指设备允许的最大通信测试长度，一般大于 10km。

三、交叉互联系统试验技术

（一）基本原理

交叉互联系统试验主要对单芯电缆外护套连同接头外保护层施加 10kV 直流电压，试验时间为 1min。其基本原理是：倍压整流是利用二极管的整流和导引作用，将电压分别储存到各自的电容上，然后根据极性相加的原理将它们串接起来，输出高于输入电压的高压，一般直流耐压试验根据使用电压采用多备用电路模型。

试验时必须将护层过电压保护器断开。在互联箱中将另一侧的三段电缆金属套都接地，使绝缘接头的绝缘环也能结合在一起进行试验，然后在每段电缆金属屏蔽或金属套与地之间施加直流电压 10kV，加压时间 1min，不应击穿。电缆交叉互联系统直流耐压试验外护套接线图如图 3-7 所示。

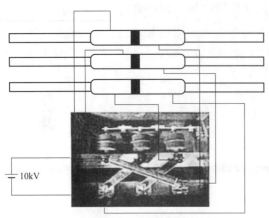

图 3-7 电缆交叉互联系统直流耐压试验外护套接线图

（二）典型设备

直流高压发生器一般采用中频倍压电路制作，电压调节精度和稳定度高。直流高压发生器具有多种保护功能，如低压过电流、低压过电压、高压过电流、高压过电压、零位保护、不接地保护等。其主要参数有输出电压、输出电流、波纹系数、电压调节精度和稳定度、电压和电流测量精确度。

目前市场上的高压直流发生器有 ZGF 系列、XWF 系列等，如图 3-8 所示。

(a)

(b)

图 3-8 高压直流发生器
（a）ZGF 系列直流发生器；（b）XWF 系列直流发生器

第五节　高压电缆线路故障处理

随着我国城市的发展，电力电缆使用越来越广泛，由于电缆的生产质量、施工不当、运行维护不善等诸多因素，将造成电缆故障。因此，为迅速恢复供电，保障电力可靠供应，就必须及时准确地诊断出电缆故障点并加以排除。了解电缆故障原因，有利于尽快地找到故障点。要注意电缆敷设、维护资料的整理与保存。故障的主要原因有以下几个方面：机械损伤（外力破坏）约占故障的 58%，附件制造质量的原因造成故障约占 27%，施工质量的原因约占 12%，电缆本体的原因约占 3%。

一、故障定性

由于电力电缆的种类较多，结构组成不尽一致，加上人们的工作属性和目的要求不同等，使得电缆故障的分类方法较多，这里归纳以下几种情况：分析电力电缆的结构组成，可以得出电缆主要由两大部分组成：金属导体，如导体芯线、金属屏蔽层、金属外护套等；绝缘体，如主绝缘层［油浸纸、聚氯乙烯（PVC）、聚乙烯（PE）、橡胶（RU）］；非金属外护层（PE、PVC）。电缆故障分类如下。

（一）导体故障

顾名思义，导体故障是电缆中的金属导体所出现的故障，这里主要指芯线导体（如铜线、铝线）和金属屏蔽层（如铅包、铜带），如图 3-9 所示。

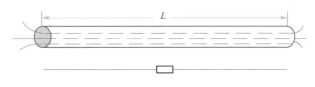

图 3-9　电缆示意图

在图 3-9 中，电缆芯线的正常电阻值应为

$$R = \rho L / S \ (\Omega) = R_0$$

式中　ρ——导体电阻率；

　　　L——电缆长度；

　　　S——芯线截面面积。

因此当电缆成型后，其电阻值 R_0 是一个定值，一般为毫欧级。所以，只有当 $R \gg R_0$ 才认为导体有问题，在实际中有两种情况，即两种类型故障。

（1）断线故障：即 $R = \infty$，也就是说电缆的芯线或金属屏蔽层在某一处或多处断开，如实际中，电缆被人为挖断、电缆被烧断、在电缆接头处，电缆芯线或电缆的两边屏蔽层根本没有连接上、XLPE 电缆在生产过程中屏蔽层不连续等。

（2）似断非断故障：即 $R \ll R_0 = \infty$，如电缆的芯线或金属屏蔽层某处似连非连、接头部分芯线或屏蔽线处理不好等。这种故障一般人们不易发现，但实际中是确实存在的。

以上两种情况的导体故障统称为开路故障。因此，开路故障的确切定义为电缆的导体损伤导致导体断开或似断非断的情况。导体包括电缆的芯线和金属屏蔽层。断线故障是开路故障的一个特例。

（二）绝缘故障

电缆中的绝缘层，不管是主绝缘层还是外护套绝缘层（主要对 110kV 及以上等级电缆），它和导体芯线一样，是电缆必不可少的重要组成部分，但相比之下要比导体材料脆弱得多。因此，在实际中，电缆的绝大多数故障都是由绝缘层不好引起的。

在物理上，绝缘材料也叫电介质，分析电介质主要考虑它的 3 个特性：电介质的电导（漏导）特性、电介质的击穿特性和电介质的损耗特性。这里主要考虑前两个特性。

1. 电介质的电导特性

理论上，绝缘材料即电介质是不导电的，其等效电阻为 ∞，即当给电介质两端施加直流电压，不管是电压多高，电介质中没有电流流过，根据欧姆定律知

$$I_g=U/R=0$$

但实际上，电介质是存在电阻的，流过电介质的电流（I_g 表示泄漏电流）一般与外加电压成正比关系。具体到电力电缆，其几何尺寸和电介质的电阻系数是一定的，所以，在额定电压下的泄漏电流 I_g 应该不大于某一确定的值 I_{gm}。但如果电介质的电导特性变坏，即 R_J 变小，泄漏电流 I_g 变大，说明电介质存在故障。对电缆来说，这种电缆的绝缘层电导特性变坏的故障称为泄漏性故障。

2. 电介质的击穿特性

所有的电介质都不例外，当给电介质上施加电压后，电介质中会流过微小的泄漏电流 I_g，其值随所施电压的增大呈线性增大，而当所施电压超过某一数值 U_s 时，泄漏电流 I_g 突然增大，电介质完全失去固有的绝缘特性而变成导体，这种现象称为电介质的击穿，把电压值 U_s 称为电介质的击穿电压。有些绝缘介质击穿后，当降低外加电压后，绝缘性能自行恢复，有些则电导特性变坏，泄漏电流明显增大。具体到电力电缆，若电缆的额定电压为 U_m，当给电缆加电压时，在电压加到某一数值 U_s 时，在 $U_s \leqslant U_m$ 条件下，电缆绝缘击穿，说明电缆存在故障，当降压后绝缘自行恢复，这种故障称为电缆的闪络性故障。而降压后绝缘性能不可恢复的情况则为上述的泄漏性故障。

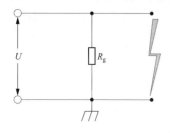

图 3-10　电缆等效电路图

综上所述，电力电缆绝缘层损伤一般会出现两种故障：泄漏性故障和闪络性故障。电缆等效电路如图 3-10 所示。

其中泄漏性故障可等效为一个电阻 R_g，一般远小于 R_J，R_g 数值有高有低，R_g 高时称为泄漏性高阻故障，R_g 低时称为泄漏性低阻故障，简称低阻故障，当 $R_g=0$ 时称为短路故障（俗称死接地）。实际中可通过欧姆表、绝缘电阻表或给电缆加直流电压等方法来判知。

闪络性故障可等效为一个小间隙，当给电缆加直流电压，若 $U < U_s$ 时，其电阻值为 R_J，若 $U_m > U \geqslant U_s$，绝缘电阻为零。由于闪络性故障几乎都在高阻状态，且阻值很高，通常稍低于或相等于电缆正常的绝缘电阻值。在实际中，一般通过绝缘电阻表判断不出闪络性故障的存在，只有通过给电缆加直流电压才能发现。

只有当电缆的泄漏故障在电缆的终端头上而阻值小于电缆的特性阻抗的情况才叫低阻故障，实际中出现的概率很少。

高阻故障：相对于低阻故障，凡不能用所提供仪器的低压脉冲法测量的电缆绝缘损伤故障都叫做电缆的高阻故障。此类故障通常采用"高压脉冲反射法"即"闪络法"进行故障点测量，包括泄漏性高阻和闪络性高阻两种故障。

一般，故障电阻小于 1kΩ 时为低阻故障，大于或等于 1kΩ 时为高阻故障。

（三）护套故障

护套故障一般指电缆的金属护套（层）或绝缘护套受损形成的故障，实际中能够发现的是金属护套对大地之间绝缘护套的故障。此类故障以泄漏性故障居多。护套故障只有在 66kV 及以上高电压等级电缆才涉及到。

（四）混合性故障

电缆中同时存在两种以上故障的情况称为混合性故障。

综上，故障类型可以概括分为导体损伤（开路损伤）和绝缘损伤两大类。导体损伤包括断线故障和似断非断故障，绝缘损伤包括泄漏性故障、闪络性故障和护套故障。泄漏性故障包括低阻故障和高阻故障，而闪络性故障均为高阻故障。

二、故障测距

诊断完故障性质、选定测试方法后，接着进行电缆故障的预定位——故障测距。故障测距是粗测从电缆的测试端到故障点的线路长度，下面主要介绍低压脉冲法、脉冲电流法、二次脉冲法。

（一）低压脉冲法

低压脉冲法适用范围：低阻短路故障（绝缘故障电阻小于几百欧的故障）、开路故障。据统计这类故障约占电缆故障的 10%。低压脉冲法可用于测量电缆的长度、电磁波在电缆中的传播速度，还可用于区分电缆的中间头、T 形接头与终端头等。

低压脉冲测试原理的测试公式为 $L = v \cdot \Delta t / 2$（其中 v 就是电磁波在电缆中传播的速度，简称为波速度；L 为测试点到故障点的距离，t 为低压脉冲传播时间）。理论分析表明波速度与电缆的绝缘介质有关，与电缆芯线的线径及芯线的材料无关，也就是说不管线径是多少，线芯是铜芯的还是铝芯的，只要电缆的绝缘介质一样，波速度就一样。现在大部分电缆都是交联聚乙烯或油浸纸电缆，它们的参考数据：交联聚乙烯电缆的波速是 170～172m/μs、油浸纸电缆的波速为 160m/μs。

纵然电缆的绝缘介质相同，不同厂家的、不同批次的电缆波速度也不完全相同，如果知道电缆全长，根据 $v = 2 \times L / \Delta t$，就可以推算出电缆的波速度。

断线反射：反射脉冲与发射脉冲同极性。断线低压脉冲波形如图 3-11 所示。

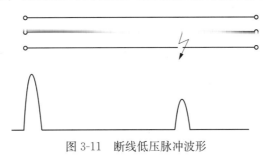

图 3-11　断线低压脉冲波形

短路（低阻）：反射脉冲与发射脉冲反极性。短路低压脉冲波形如图 3-12 所示，低压脉冲测试波形如图 3-13 所示。

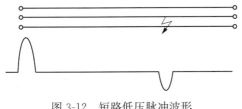

图 3-12　短路低压脉冲波形

图 3-13　低压脉冲测试波形

测试仪器的屏幕有两个光标：一是实光标，一般把它放在最左边测试端——设定为零点；二是虚光标，把它放在阻抗不匹配点反射脉冲的起始点处，在波速度正确的情况下，就测量出该阻抗不匹配点离测试端的距离。

在实际测量时，电缆结构可能比较复杂，存在着接头点、分支点或低阻故障点等；特别是低阻故障点的电阻相对较大时反射波形相对比较平滑，其大小可能还不如接头反射，更使得脉冲反射波形不太容易理解，波形起始点不好标定；对于这种情况可以用低压脉冲比较测量法测试。

（二）脉冲电流法

脉冲电流法是将电缆故障点用高电压击穿，用仪器采集并记录下故障点击穿产生的电流行波信号，通过分析判断电流行波信号在测量端与故障点往返一趟的时间来计算故障距离。脉冲电流法采用线性电流耦合器采集电缆中的电流行波信号。脉冲电流原理如图 3-14 所示。

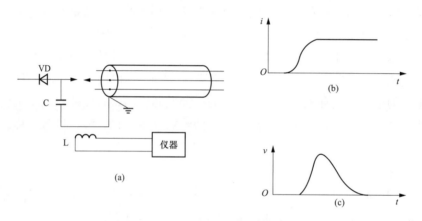

图 3-14　脉冲电流原理图
（a）线性电流耦合器的应用；（b）地线中的电流；（c）线性耦合器输出

（1）脉冲电流法——直流闪络测试法。适用于闪络型故障的测试。给故障电缆施加直流高电压信号，使故障点击穿，根据故障点放电脉冲在测量端及故障点往返一趟的时间计算故障距离。脉冲电流法——直流闪络测试法接线图如图 3-15 所示，脉冲电流法——直流闪络测试法脉冲电流波形如图 3-16 所示。

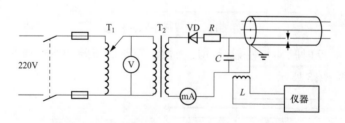

图 3-15　脉冲电流法——直流闪络测试法接线图

（2）脉冲电流法——冲击闪络测试法。高阻故障如果使用直流闪络测试法测试，电压会大量泄漏到发生器的内阻上，容易损害高压发生器；同时加到电缆上的电压很小，不利于故障点的击穿。对于高阻故障，需要使用冲闪法，在给脉冲电容充电后再加到故障上去，脉冲高电压使故障点击穿放电。

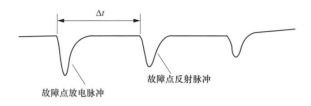

图 3-16　脉冲电流法——直流闪络测试法脉冲电流波形

脉冲电流法——冲击闪络测试法接线图和波形见图 3-17、图 3-18。

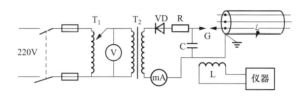

图 3-17　脉冲电流法——冲击闪络测试法接线图

由"高压脉冲产生器"产生一高压脉冲加到被测电缆的故障相，故障点在高压的作用下发生瞬间闪络放电，电火花使得故障点变为短路故障，并维持几微秒至几百毫秒，在故障点和测量端间同时自动产生来回反射波形。

通过测量相邻两次来回反射波形的时间 Δt，并通过公式 $L=V \cdot \Delta t/2$ 计算出故障点到测量端的距离。

使故障点充分放电方法如下：

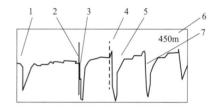

图 3-18　脉冲电流法——冲击闪络测试法波形

1—高压发生器的发射脉冲；2—零点实光标；

3—故障点的放电脉冲；4—虚光标；

5—放电脉冲的一次反射；

6—故障距离；7—放电脉冲的二次反射

（1）提高施加到电缆上的电压，可使故障点容易击穿。

（2）提高储能电容的容量，加大了高压设备供给电缆的能量，实际上也增加了电缆上电压持续时间，有利于故障点的击穿。

（3）进行冲闪测试时，多次用高电压冲击故障电缆，利用"累积效应"，故障点被进一步破坏，会使击穿电压降低，放电延时缩短。

（三）二次脉冲法

二次脉冲法在高压信号发生器和二次脉冲信号耦合器的配合下，可用来测量电力电缆的高阻和闪络性故障的距离，波形更简单，容易识别。

二次脉冲法结合低压脉冲法的波形简单与脉冲电流法可以测量高阻故障的优点。用高压脉冲击穿故障，并用稳弧器延长故障电弧持续时间。故障电弧持续时间内，向故障点发射低压脉冲，获得脉冲反射波形，称为电弧脉冲反射波形。将电弧脉冲反射波形与电缆不带电（故障点不击穿）波形比较，波形上开始有明显差异的点即故障点。

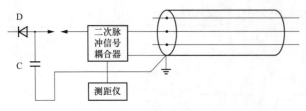

图 3-19　二次脉冲法原理图

二次脉冲法原理如图 3-19 所示，二次脉冲法波形和接线图如图 3-20 所示。

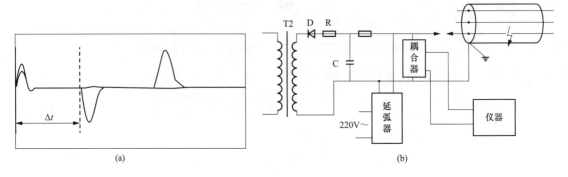

图 3-20　二次脉冲法波形和接线图

（a）波形；（b）接线图

二次脉冲反射波形简单，易于识别故障点。设备接线复杂，体积大。故障点被击穿概率较脉冲电流法小。

三、电缆的路径探测

在对电缆故障进行故障测距之后，下一步应该要根据电缆的路径走向，找出故障点的大体方位，然后再进行精确定位。但由于有些电缆是直埋的或埋设在电缆沟里的，在图纸资料不齐的情况下，很难明确判断出电缆路径，从而给精确定位工作带来了很大的困难，于是故障测距后还需要测量出电缆的埋设路径。在待测电缆上加入特定频率的电流信号，通过接收该电流信号在电缆周围产生的磁场信号查找出电缆路径和识别出被测电缆。常用的方法有音谷法、音峰法、极大值法。

接线方式如图 3-21～图 3-27 所示。

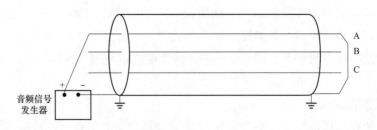

图 3-21　相铠接法（铠两端接工作地）

（1）音峰法。优点是电缆管线上方信号接收最强；缺点是信号变化较缓，故精确度较低。

（2）音谷法。优点是精度高；缺点是正确的电缆路径左右均有很强的信号，有时无法识别最小值。

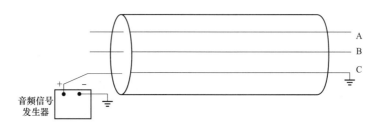

图 3-22　相地接法

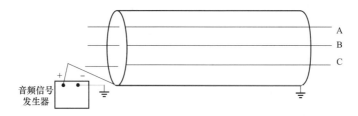

图 3-23　铠地接法

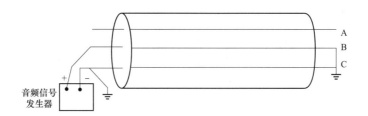

图 3-24　相间接法

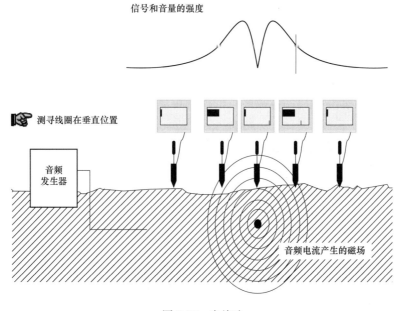

图 3-25　音峰法

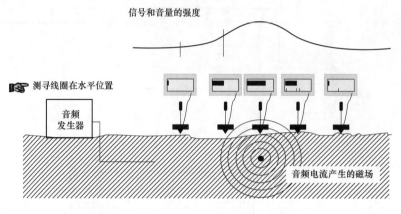

图 3-26 音谷法

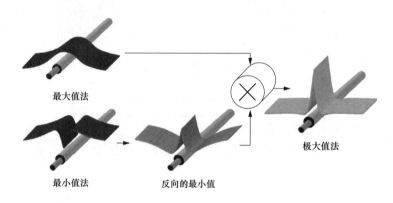

图 3-27 极大值法

（3）极大值法。优点是在电缆路径上方信号突然增强，因而精度高，分辨率高。缺点是需要用一个水平线圈和一个垂直线圈配合才能完成，对作业人员测试水平要求较高。

四、故障定点

在测量出故障电缆的故障距离和路径后，就可以根据路径和距离找到故障点的大概位置。但由于很难精确知道电缆线路敷设时预留的长度和电缆不可能笔直敷设，使得根据路径和距离找到的故障点位置离实际故障点的位置可能还有一定的偏差，为了精确地找到这个位置，还需要进行下一步工作——精确故障定位（定点）。对于不同性质的故障，故障定点的方式不同，它大概分以下几种方式。

（1）声测法。

（2）声磁同步接收法定点。

（3）音频电流感应法定点。

（4）跨步电压法定点。

（一）声测法

直接通过听或看故障点放电的声音信号来找到故障点的方法称为声测定点法，简称声测法。

1．声测法应用范围

声测法应用范围包括除金属性短路以外的所有加脉冲高压后故障点能发出放电声音的

故障。

2. 声测法测试的优缺点

（1）优点。声测法容易理解、便于掌握，可信性较高。

（2）缺点。

1）受外界环境的影响较大。

2）人的经验和测试心态的影响较大。

（二）声磁同步接收法

定点周期性地向电缆施加高压信号，使故障点放电。在地面上用仪器探测故障点放电声音确定故障点位置。检测故障点放电产生的磁场信号，同步仪器的声音接收，提高抗干扰能力。记录波形，提高故障点放电声音识别速度及可靠性。脉冲磁场波形：电缆两侧极性相反如图 3-28 所示，放电声音波形如图 3-29 所示，定点仪器接收到的声磁同步波形如图 3-30 所示。

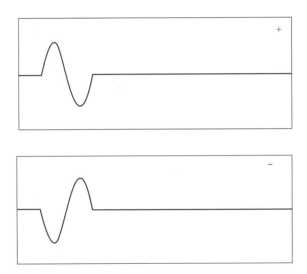

图 3-28　脉冲磁场波形：电缆两侧极性相反

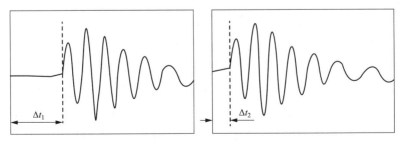

图 3-29　放电声音波形

（三）音频电流感应法

音频电流感应法一般用于探测故障电阻小于 10Ω 的低阻故障。在电缆接地电阻较低时，故障点放电声音微弱，用声测法进行定点比较困难，特别是金属性接地故障的故障点根本无放电声音而无法定点。这时，便需要用音频感应法进行特殊测量。

用音频感应法对两相短路并接地故障、单相接地以及三相短路或三相短路并接地故障进行测试，都能获得满意的效果，一般测寻所得的故障点位置之绝对误差为1～2m。

（四）跨步电压法

跨步电压法定点应用范围包括直埋电缆的故障点处护层破损的开放性故障。

跨步电压法原理如图3-31所示，故障定点方法适用故障类型如表3-19所示。

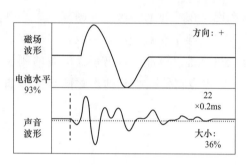

图 3-30　定点仪器接收到的声磁同步波形　　　　图 3-31　跨步电压法原理图

表 3-19　　　　　　　　　　　　　　故障定点方法适用故障类型

定点方法	适用范围	测试精度	可信度
声测法	有放电声音的故障	低	较高
声磁同步接收法	有放电声音的故障	高	高
音频电流感应法	金属性短路故障	低	低
跨步电压法	直埋电缆开放性故障	较高	低

第六节　高压电缆状态检测

电缆状态检测技术可有效发现电缆线路潜伏性运行隐患，是电缆线路安全、稳定运行的重要保障，是电缆设备状态评价的基础。电缆状态检测按检测方式可分为在线检测和离线检测，在线检测主要有红外检测、金属护层接地电流检测、局部放电检测等，离线检测主要有变频谐振试验下的局部放电检测、OWTS（振荡波电缆局部放电诊断与定位系统）振荡波电缆局部放电检测等。电缆状态检测推行大规模普测、疑似信号复测、问题设备重点监测的作业方式，确保电缆设备安全稳定运行。电缆状态检测人员应参加电缆状态检测的技术培训并取得相应的技术资质。电缆状态检测方法的适用范围见表3-20。

表 3-20　　　　　　　　　　　　　　电缆状态检测方法的适用范围

方法	适用电缆	检测部位	针对缺陷	检测方法	备注
红外热像	35kV 及以上电缆	终端、接头	连接不良、受潮、绝缘缺陷	在线	必做
金属护套接地电流	110kV 及以上电缆	接地系统	电缆接地系统缺陷	在线	必做

续表

方法	适用电缆	检测部位	针对缺陷	检测方法	备注
高频局部放电	110kV 及以上电缆	终端、接头	绝缘缺陷	在线	必做
超高频局部放电	110kV 及以上电缆	终端、接头	绝缘缺陷	在线	选做
超声波	110kV 及以上电缆	终端、接头	绝缘缺陷	在线	选做
变频谐振试验下的局部放电	110kV 及以上电缆	终端、接头	绝缘缺陷	离线	必做
OWTS 振荡波电缆局部放电	35kV 电缆	终端、接头	绝缘缺陷	离线	必做

一、红外检测

红外检测是利用红外成像技术，对电力系统中具有电流、电压致热效应或其他致热效应的带电设备进行检测和诊断。电缆红外检测周期见表 3-21。

表 3-21　　　　　　　　　　　电缆红外检测周期

电压等级	部位	周期	说明
35kV	终端	(1) 投运或大修后 1 个月内。 (2) 其他 12 个月 1 次。 (3) 必要时	
	接头	(1) 投运或大修后 1 个月内。 (2) 其他 12 个月 1 次。 (3) 必要时	
110（66）kV	终端	(1) 投运或大修后 1 个月内。 (2) 其他 6 个月 1 次。 (3) 必要时	(1) 电缆中间接头具备检测条件的可以开展红外带电检测，不具备条件的可以采用其他检测方式代替。 (2) 当电缆线路负荷较重或迎峰度夏、保电期间可根据需要适当增加检测次数
	接头	(1) 投运或大修后 1 个月内。 (2) 其他 6 个月 1 次。 (3) 必要时	
220kV	终端	(1) 投运或大修后 1 个月内。 (2) 其他 3 个月 1 次。 (3) 必要时	
	接头	(1) 投运或大修后 1 个月内。 (2) 其他 3 个月 1 次。 (3) 必要时	
500kV	终端	(1) 投运或大修后 1 个月内。 (2) 其他 1 个月 1 次。 (3) 必要时	
	接头	(1) 投运或大修后 1 个月内。 (2) 其他 1 个月 1 次。 (3) 必要时	

进行红外检测时，电缆带电运行，且运行时间在 24h 以上，并尽量移开或避开电缆与测温仪之间的遮挡物，如玻璃窗、门或盖板等；需对电缆线路各处分别进行测量，避免遗漏测量部位；最好在设备负荷高峰状态下进行，一般不低于额定负荷的 30%。

现场检测方法要求如下：

（1）正确选择被测设备的辐射率，特别要考虑金属材料的氧化对选取辐射率的影响，金属导体部位一般取 0.9，绝缘体部位一般取 0.92。

（2）在安全距离允许的范围下，红外仪器尽量靠近被测设备，使被测设备充满整个仪器的视场，以提高仪器对被测设备表面细节的分辨能力及测温精度，必要时，应使用中、长焦距镜头；户外终端检测一般需使用中、长焦距镜头。

（3）将大气温度、相对湿度、测量距离等补偿参数输入，进行修正，并选择适当的测温范围。

（4）一般先用红外热像仪对所有测试部位进行全面扫描，重点观察电缆终端和中间接头、交叉互联箱、接地箱、金属套接地点等部位，发现热像异常部位后对异常部位和重点被检测设备进行详细测量。

（5）为了准确测温或方便跟踪，应事先设定几个不同的方向和角度，确定最佳检测位置，并作上标记，以供今后的复测用，提高互比性和工作效率。

（6）记录被检设备的实际负荷电流、电压、被检物温度及环境参照体的温度值等。高压电缆线路红外检测的诊断依据见表 3-22。

表 3-22 　　　　　　　　　　高压电缆线路红外检测的诊断依据

部位	测试结果	结果判断	建议策略
金属连接部位	相间温差<6℃	正常	按正常周期进行
	6℃≤相间温差<10℃	异常	加强检测，适当缩短检测周期
	相间温差≥10℃	缺陷	停电检查
终端、接头	相间温差<2℃	正常	按正常周期进行
	2℃≤相间温差<4℃	异常	加强检测，适当缩短检测周期
	相间温差≥4℃	缺陷	停电检查

二、电缆金属护层接地电流检测

接地电流检测是通过电流互感器或钳形电流表对设备接地回路的接地电流进行检测。电缆金属护层接地电流检测的检测周期见表 3-23。

表 3-23 　　　　　　　　　　电缆金属护层接地电流检测的检测周期

电压等级(kV)	周期	说明
110（66）	（1）投运或大修后 1 个月内。 （2）其他 6 个月 1 次。 （3）必要时	（1）当电缆线路负荷较重，迎峰度夏期间应适当缩短检测周期。 （2）对运行环境差、设备陈旧及缺陷设备增加检测次数。 （3）可根据设备的实际运行情况和测试环境作适当的调整。 （4）金属护层接地电流在线监测可替代外护层接地电流的带电检测
220	（1）投运或大修后 1 个月内。 （2）其他 3 个月 1 次。 （3）必要时	
500	（1）投运或大修后 1 个月内。 （2）其他 1 个月 1 次。 （3）必要时	

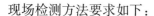

现场检测方法要求如下：

（1）检测前钳型电流表处于正确档位，量程由大至小调节。

（2）测试接地电流应记录当时的负荷电流。

（3）记录接地电流异常互联段、缺陷部位、实际负荷、互联段内所有互联线、接地线的接地电流。

对电缆金属护层接地电流测量数据的分析，要结合电缆线路的负荷情况，综合分析金属护层接地电流异常的发展变化趋势。电缆金属护层接地电流检测的诊断依据见表3-24。

表 3-24　　　　　　　　电缆金属护层接地电流检测的诊断依据

测试结果	结果判断	建议策略
满足下面全部条件： （1）接地电流绝对值＜50A。 （2）接地电流与负荷比值＜20％。 （3）单相接地电流最大值/最小值＜3	正常	按正常周期进行
满足下面任何一项条件： （1）50A≤接地电流绝对值≤100A。 （2）20％≤接地电流与负荷比值≤50％。 （3）3≤单相接地电流最大值/最小值≤5	注意	加强检测，适当缩短检测周期
满足下面任何一项条件： （1）接地电流绝对值＞100A。 （2）接地电流与负荷比值＞50％。 （3）单相接地电流最大值/最小值＞5	缺陷	停电检查

三、高频局部放电检测

高频局部放电检测是对频率一般介于 $1\sim300MHz$ 区间的局部放电信号进行采集、分析、判断的一种检测方法，主要采用高频电流互感器（简称 HFCT）、电容耦合传感器采集信号。高压电缆高频局部放电检测的检测周期见表3-25。

表 3-25　　　　　　　　高压电缆高频局部放电检测的检测周期

电压等级（kV）	周期	说明
10（66）	（1）投运或大修后1周内。 （2）投运3年内至少每年1次；3年后根据线路的实际情况，每3～5年1次；20年后根据电缆状态评估结果每1～3年1次。 （3）必要时	（1）当电缆线路负荷较重时或迎峰度夏期间适当调整检测周期。 （2）对运行环境差、设备陈旧及缺陷设备增加检测次数。 （3）高频局部放电在线监测可替代高频局部放电带电检测
220	（1）投运或大修后1周内。 （2）投运3年内至少每年1次；3年后根据线路的实际情况，每3～5年1次；20年后根据电缆状态评估结果每1～3年1次。 （3）必要时	
500	（1）投运或大修后1周内。 （2）投运3年内至少每年1次；3年后根据线路的实际情况，每3～5年1次；20年后根据电缆状态评估结果每1～3年1次。 （3）必要时	

1. 检测环境

（1）环境温度为－10～＋40℃。

（2）空气相对湿度不大于90%，不应在有雷、雨的环境下进行检测。

（3）在电缆设备上无各种外部作业。

（4）进行检测时应避免其他设备干扰源等带来的影响。

（5）现场检测时，高频信号可从电缆终端或中间接头的合适位置取样，采用在电缆终端、接头的交叉互联线、接地线等位置安装的高频电流互感器或其他类型传感器进行局部放电检测。

2. 检测步骤

（1）测试前检查测试环境，排除干扰源。

（2）将传感器（高频电流互感器或其他互感器）安装于检测部位。

（3）选择适合的频率范围，可采用仪器的推荐值。

（4）对所有检测部位进行高频局部放电检测，在检测过程中保证高频互感器方向一致。

（5）测量数据记录。

（6）当检测到异常时，记录异常信号放电谱图、分类谱图以及频谱图，并给出初步分析判断结论。

3. 局部放电

首先根据相位图谱特征判断测量信号是否具备50Hz相关性，若具备，说明存在局部放电，继续如下步骤：

（1）排除外界环境干扰，即排除与电缆有直接电气连接的设备（如变压器、GIS组合电器等）或空间的放电干扰。

（2）根据各检测部位的幅值大小（即信号衰减特性）初步定位局部放电部位。

（3）根据各检测部位三相信号相位特征，定位局部放电相别。

（4）根据单个脉冲时域波形、相位图谱特征初步判断放电类型。

（5）在条件具备时，综合应用超声波局部放电仪、示波器等仪器进行精确的定位。电缆高频局部放电检测的诊断依据见表3-26。

表 3-26   电缆高频局部放电检测的诊断依据

状态	测试结果	图谱特征	建议策略
正常	无典型放电图谱	无放电特征	按正常周期进行
注意	具有放电特征且放电幅值较小	有可疑似放电特征，放电相位图谱180°分布特征不明显，幅值正负模糊	缩短检测周期
缺陷	具有放电特征且放电幅值较大	有可疑似放电特征，放电相位图谱180°分布特征明显，幅值正负分明	密切监视，观察其发展情况，必要时停电处理

四、超高频局部放电检测

超高频局部放电检测是对频率一般介于100～3000MHz区间的局部放电信号进行采集、分析、判断的一种检测方法，主要采用天线结构传感器采集信号。高压电缆超高频局部放电检测的检测周期见表 3-27。

表 3-27 高压电缆超高频局部放电检测的检测周期

电压等级（kV）	周期	说明
110（66）	（1）投运或大修后 1 周内。 （2）投运 3 年内至少每年 1 次；3 年后根据线路的实际情况，每 3～5 年 1 次；20 年后根据电缆状态评估结果每 1～3 年 1 次。 （3）必要时	（1）当电缆线路负荷较重时或迎峰度夏期间适当调整检测周期。 （2）对运行环境差、设备陈旧及缺陷设备增加检测次数。 （3）超高频局部放电在线监测可替代超高频局部放电带电检测
220	（1）投运或大修后 1 周内。 （2）投运 3 年内至少每年 1 次；3 年后根据线路的实际情况，每 3～5 年 1 次；20 年后根据电缆状态评估结果每 1～3 年 1 次。 （3）必要时	
500	（1）投运或大修后 1 周内。 （2）投运 3 年内至少每年 1 次；3 年后根据线路的实际情况，每 3～5 年 1 次；20 年后根据电缆状态评估结果每 1～3 年 1 次。 （3）必要时	

1. 检测环境

（1）检测目标及环境的温度在－10～＋40℃范围内。

（2）空气相对湿度不大于 90%，不在有雷、雨雾、雪的环境下进行检测。

（3）室内检测避免气体放电灯对检测数据的影响。

（4）检测时避免手机、照相机闪光灯、电焊等无线信号的干扰。

（5）现场检测时对具备条件的所有电缆终端、接头进行检测，主要适用于电缆 GIS 终端的检测。

（6）利用超高频传感器从 GIS 电缆终端环氧套管法兰处进行信号耦合，检测前尽量排除环境的干扰信号。

（7）检测中对干扰信号的判别可综合利用超高频法典型干扰图谱、频谱仪和高速示波器等仪器和手段进行。进行局部放电定位时，可采用示波器（采样精度 1GHz 以上）等进行精确定位。

2. 检测步骤

（1）将传感器放置在电缆接头非金属封闭处，以减少金属对内部电磁波的屏蔽以及传感器与螺栓产生的外部静电干扰。

（2）保持每次测试点的位置一致，以便于进行比较分析。

（3）如检测到异常信号，则应在该接头进行多点检测比较，查找信号最大点的位置。

（4）记录检测图谱。

（5）当检测到异常时，记录异常信号放电谱图、分类谱图以及频谱图，并给出初步分析判断结论。

3. 局部放电

首先根据相位图谱特征判断测量信号是否具备与电源信号相关性。若具备，说明存在局部放电，继续如下步骤：

（1）排除外界环境干扰，将传感器放置于电缆接头上检测信号与在空气中检测信号进行比较，若一致并且信号较小，则基本可判断为外部干扰；若不一样或变大，则需进一步检测判断；

（2）检测相邻间隔的信号，根据各检测间隔的幅值大小（即信号衰减特性）初步定位局部放电部位。

（3）可进一步分析峰值图形、放电速率图形和三维检测图形综合判断放电类型；

（4）在条件具备时，综合应用超声波局部放电仪等进行精确定位。

五、超声波局部放电检测

超声波局部放电检测是对频率一般介于 20～200kHz 区间的局部放电声信号进行采集、分析、判断的一种检测方法，主要采用超声波探头采集信号。高压电缆超声波检测的检测周期见表 3-28。

表 3-28　　　　　　　　　　　高压电缆超声波检测的检测周期

电压等级（kV）	周期	说明
110（66）	（1）投运或大修后 1 周内。 （2）投运 3 年内至少每年 1 次；3 年后根据线路的实际情况，每 3～5 年 1 次；20 年后根据电缆状态评估结果每 1～3 年 1 次。 （3）必要时	（1）当电缆线路负荷较重时或迎峰度夏期间适当调整检测周期。 （2）对运行环境差、设备陈旧及缺陷设备增加检测次数
220	（1）投运或大修后 1 周内。 （2）投运 3 年内至少每年 1 次；3 年后根据线路的实际情况，每 3～5 年 1 次；20 年后根据电缆状态评估结果每 1～3 年 1 次。 （3）必要时	
500	（1）投运或大修后 1 周内。 （2）投运 3 年内至少每年 1 次；3 年后根据线路的实际情况，每 3～5 年 1 次；20 年后根据电缆状态评估结果每 1～3 年 1 次。 （3）必要时	

1. 检测环境

（1）检测目标及环境的温度在 -10～+40℃ 范围内。

（2）空气相对湿度不大于 90%，若在室外不在有雷、雨、雾、雪的环境下进行检测。

超声波局部放电检测设备技术参数满足：测量量程为 0～55dB，分辨率优于 1dB；误差在 ±1dB 以内。

2. 检测步骤

现场检测时在电缆本体、中间接头、终端等处均可设置测试点，一般通过接触式超声波探头，在电缆终端套管、尾管以及 GIS 外壳等部位进行检测。测试点的选取务必注意带电设备安全距离并保持每次测试点的位置一致，以便于进行比较分析。

检测步骤如下：

（1）测试前检查测试环境，排除干扰源。

（2）对检测部位进行接触或非接触式检测。检测过程中，传感器放置避免摩擦，以减少摩擦产生的干扰。

（3）手动或自动选择全频段对测量点进行超声波检测。

（4）测量数据记录。记录异常信号所处的相别、位置，记录超声波检测仪显示的信号幅值、中心频率及带宽。

（5）若存在异常，则进行多点检测，查找信号最大点的位置。

（6）记录测试位置、环境情况、超声波读数。

3. 检测结果判断

根据相位图谱特征判断测量信号是否具备与电源信号相关性。正常的电缆设备，不同相别测量结果应该相似。如果信号的声音明显有异，判断电缆设备或邻近设备可能存在放电。应与此测试点附近不同部位的测试结果进行横向对比（单相的设备可对比 A、B、C 三相同样部位的测量结果），如果结果不一致，可判断此测试点异常。也可以对同一测试点不同时间段测试结果进行纵向对比，看是否有变化，如果测量值有增大，可判断此测试点内存在异常。电缆超声波检测的诊断依据见表 3-29。

表 3-29 电缆超声波检测的诊断依据

结果判断	测试结果	建议策略
正常	无典型放电波形及音响且数值≤0dB	按正常周期进行
注意	>1dB，且≤3dB	缩短检测周期，必要时停电处理
缺陷	>3dB	密切监视，观察其发展情况，停电处理

注 由于现阶段暂时无法由超声波检测的数值给出缺陷的具体等级，目前仅能对测得的结果初步判为正常、注意或缺陷。

六、变频谐振试验下的局部放电检测

电缆系统安装完成后，应结合交流耐压试验的情况，开展整个电缆系统的局部放电检测，放电幅值应符合规程要求，进行变频谐振试验下的局部放电检测情况。①110kV 及以上交联聚乙烯电缆新投运时；②110kV 及以上交联聚乙烯电缆或附件更换投运时（试验只针对更换电缆和附件）；③必要时。

橡塑电缆采用 20～300Hz 交流耐压试验，试验电压值及时间见表 3-30。

表 3-30 橡塑电缆采用 20～300Hz 交流耐压试验，试验电压值及时间

额定电压 U_0/U（kV）	试验电压	时间（min）
64/110	$1.7U_0$ 或 $2U_0$	30 或 60
127/220	$1.7U_0$ 或 $1.4U_0$	60
190/330	$1.7U_0$ 或 $1.3U_0$	60
290/500	$1.7U_0$ 或 $1.1U_0$	60

注 对于已经运行的电缆线路，可采用较低的试验电压和（或）较短的试验时间。在考虑电缆线路的运行时间、环境条件、击穿历史和试验的目的后，协商确定试验的电压和时间。

对电缆的主绝缘做变频谐振试验下的局部放电检测，分别在每一相上进行。对一相进行试验或测量时，其他两相导体、金属屏蔽或金属套一起接地。对金属屏蔽或金属套采用

交叉换位或者采用单端接地方式的单芯电缆，主绝缘作耐压试验时，交叉互联箱内应将同一相的连接端用绝缘软线短接，截面应大于或等于原有铜排截面，短接线用螺母拧紧固定，保证接触良好。同时电缆两端金属屏蔽或金属套临时接地。

现场检测时检测部位为具备条件的所有电缆终端、接头。检测步骤如下：

（1）测试前检查测试环境，排除干扰源。

（2）将传感器（高频 TA 或其他传感器）安装于检测部位，在检测过程中保证高频传感器方向一致。

（3）选择适合的频率范围，可采用仪器的推荐值。

（4）试验电压逐渐升到 U_0 并保持 10min，然后慢慢地升到 $1.4U_0$ 并保持 10min，直至升到试验电压，并保持一定的试验时间。

（5）对所有检测部位进行高频局部放电检测。

（6）测量数据记录。

（7）当检测到异常时，记录异常信号放电谱图、分类谱图以及频谱图，并给出初步分析判断结论。

七、OWTS 振荡波电缆局部放电检测

1. 振荡波试验

振荡波电缆局部放电检测是采用 LCR 阻尼振荡原理，由仪器高压直流电源对被试电缆充电至试验电压，关合高压开关，使仪器电抗、被试电缆电容和回路电阻构成 LCR 回路并发生阻尼振荡。在振荡电压作用下测量电缆内部潜在缺陷产生的局部放电。振荡波局部放电测试适用于 35kV 及以下电缆线路的停电检测。下列情况可进行振荡波试验：

（1）35kV 及以下交联聚乙烯电缆新投运时。

（2）35kV 交联聚乙烯电缆或附件更换投运时。

（3）必要时。

2. 检测环境

（1）检测对象及环境的温度在 $-10 \sim +40℃$ 范围内。

（2）空气相对湿度不大于 90%，不在有雷、雨、雾、雪环境下作业。

（3）试验端子保持清洁。

（4）避免电焊、气体放电灯等强电磁信号干扰。

3. 试验电压

试验电压应满足：

（1）试验电压的波形连续 8 个周期内的电压峰值衰减不大于 50%。

（2）试验电压的频率介于 $20 \sim 500Hz$。

（3）试验电压的波形为连续两个半波峰值呈指数规律衰减的近似正弦波。

（4）在整个试验过程中，试验电压的测量值保持在规定电压值的 $\pm 3\%$ 以内。

4. 注意事项

（1）开展 OWTS 振荡波电缆局部放电检测的电缆本体及附件应当绝缘良好，存在故障

的电缆不能进行测试。

（2）检测前应断开电缆两端与电网其他设备的连接，拆除避雷器、电压互感器等附件，保证电缆终端处的三相间留有足够的安全距离。

（3）已投运的交联聚乙烯绝缘电缆最高试验电压为 $1.7U_0$，接头局部放电超过 500pC、本体超过 300pC 属于异常状态；终端超过 5000pC 时，应在带电情况下采用超声波、红外等手段进行状态监测。

5. 检测步骤

（1）测试前电缆接地放电。

（2）测量电缆绝缘电阻，比较相间绝缘电阻的阻值和历史变化情况。

（3）正确输入电缆信息。

（4）正确连接测试电路，校对放电量。

（5）试验电压逐渐升到 $0.1U_0$、$0.3U_0$、$0.5U_0$、$0.7U_0$、$0.9U_0$、$1.0U_0$、$1.1U_0$、$1.5U_0$、$1.7U_0$ 并保持一定的时间，依次进行局部放电测量。

（6）数据分析，生成测试报告。

第四章

高压电缆及通道检修

第一节　高压电缆及通道检修分类

高压电缆线路作为电力线路的一部分，因其故障几率低、安全可靠、出线灵活而得到广泛应用。但是一旦出现故障，检修难度大，危险性高，因此在检修时应特别加以注意。

一、检修一般要求

（1）电缆及通道检修坚持"安全第一、预防为主、综合治理"的方针，以及"应修必修、修必修好"的原则，严格执行安规规定，确保人身、电网、设备安全。

（2）电缆及通道的检修工作大力推行状态检测和状态评价，根据检测和评价结果动态制定检修策略，确定检修和试验计划。检修单位根据设备的状态评价结果，按照要求，确定检修项目，并根据年度检修计划编制月度和周检修计划，做好各项检修准备工作，严格按计划执行。

（3）电缆及通道的检修积极采用先进的材料、工艺、方法及检修工器具，确保检修工作安全，提高检修质量，缩短检修工期，以延长设备的使用寿命和提高安全运行水平。

（4）电缆及通道的检修按标准化管理规定，编制符合现场实际、操作性强的作业指导书，并组织检修人员认真学习并贯彻执行。

（5）检修人员参加技术培训并取得相应的技术资质，认真做好所管辖电缆及通道的专业巡检、检修和缺陷处理工作，建立健全技术资料档案，在设备检修、缺陷处理、故障处理后，设备的型号、数量及其他技术参数发生变化时，及时变更相应设备的技术资料档案，与现场实际相符，并将变更后的资料移交运维人员。

（6）检修人员在实施检修工作前应做好充分的准备工作，并进行现场勘察，对危险、复杂和困难程度较大的检修工作应制订检修方案，准备好检修所需工器具、备品备件及消耗性材料，落实组织措施、技术措施和安全措施，确保检修工作顺利进行。检修工器具应采用合格产品并在检验有效期内使用，工器具的使用、保管、检查及试验符合规范要求。

（7）检修工作完成后，检修人员应配合运维人员进行验收，验收标准按照 Q/GDW 1512《电力电缆及通道运维规程》及 GB 50168《电气装置安装工程　电缆线路施工及验收标准》、DL/T 393《输变电设备状态检修试验规程》、DL/T 1753《配网设备状态检修试验规程》要求执行，并填写相关试验报告，及时录入生产管理系统。66kV 及以上电压等级电缆线路停电检修的试验按 DL/T 393《输变电设备状态检修试验规程》要求执行。设备检修后应经验收合格方可恢复运行。

二、电缆及通道检修项目

电力电缆线路是电网能量传输和分配的主要元件之一，它主要由电缆本体、电缆中间接头、电线终端头等组成，还包括相应的土建设施，如电缆沟、排管、竖井、隧道等，一般敷设在地下。按电缆及通道工作内容及工作涉及范围，可将电缆及通道检修工作分为四类：

（1）A 类检修包括电缆整条更换和电缆附件整批更换。

（2）B 类检修包括主要部件更换及加装（电缆少量更换、电缆附件部分更换）、主要部件处理（更换或修复电缆线路附属设备、修复电缆线路附属设施）、其他部件批量更换及加装（接地箱修复或更换、交叉互联箱修复或更换、接地电缆修复）以及诊断性试验。

（3）C 类检修包括电缆及通道外观检查、周期性维护、电缆例行试验以及其他需要线路停电配合的检修项目。

（4）D 类检修包括电缆及通道专业巡检、不需要停电的电缆缺陷处理、通道缺陷处理、带电检测、在线监测装置和综合监控装置检查维修以及其他不需要线路停电配合的检修项目。

其中 A、B、C 类是停电检修，D 类是不停电检修。停电检修对象在正常运行时带电，但在检修前已停电的检修工作。不停电检修，就是在保证向客户不停电或者少停电的情况下，对电缆线路及其附属设备进行施工、检修的工作。

三、电缆及通道检修策略

电缆及通道检修按照规范的要求，依据设备状态评价结果，确定检修类别和检修内容，检修策略综合考虑检修资金、检修力量、电网运行方式、供电可靠性、基本建设等情况，按照设备检修的必要性和紧迫性，科学确定检修时间。

1. 检修策略的一般要求

（1）电缆线路的状态检修策略既包括年度检修计划的制定，也包括缺陷处理、试验、不停电的维修和检查等。检修策略根据设备状态评价的结果动态调整。

（2）年度检修计划每年至少修订一次。根据最近一次设备的状态评价结果，考虑设备风险评估因素，并参考制造厂家的要求确定下一次停电检修时间和检修类别。在安排检修计划时，协调相关设备检修周期，统一安排、综合检修，避免重复停电。

（3）对于设备缺陷，根据缺陷性质，按照缺陷管理相关规定处理。同一设备存在多种缺陷，也应尽量安排在一次检修中处理，必要时，可调整检修类别。

（4）C 类检修正常周期与试验周期一致。不停电维护和试验根据实际情况安排。

2. 检修策略的具体要求

（1）"正常状态"检修策略：检修周期按基准周期延迟 1 个年度执行。超过 2 个基准周期未执行 C 类检修的设备，应结合停电执行 C 类检修。

（2）"注意状态"检修策略：被评价为"注意状态"的电缆线路，如果单项状态量扣分导致评价结果为"注意状态"时，根据实际情况缩短状态检测和状态评价周期，提前安排

C 类或 D 类检修。如果由多项状态量合计扣分导致评价结果为"注意状态"时，根据设备的实际情况，增加必要的检修和试验内容。

（3）"异常状态"检修策略：被评价为"异常状态"的电缆线路，根据评价结果确定检修类型，并适时安排 C 类或 B 类检修。

（4）"严重状态"检修策略：被评价为"严重状态"的电缆线路立即安排 B 类或 A 类检修。

第二节　高压电缆本体及附件检修

电力系统在运行的过程当中，各个环节都会受到一些因素的影响。其中，电缆出现故障的原因主要是因为外力的破坏、施工操作不准确、电缆的质量存在问题以及设备在运行中安全性不高。因此电力电缆投入运行以后，不仅要加强运行维护管理，更要根据状态评价结果对其进行及时检修，以保证其长期安全运行。

一、电缆本体检修

（一）正常状态电缆本体 C 类检修项目、检修内容及技术要求

1. 外观检查

（1）检查电缆是否存在过度弯曲、过度拉伸、外部损伤等情况。

（2）检查电缆抱箍、电缆夹具和电缆衬垫是否存在锈蚀、破损、缺失、螺栓松动等情况。

（3）检查电缆的蠕动变形，是否造成电缆本体与金属件、构筑物距离过近。

（4）检查电缆防火设施是否存在脱落、破损等情况。

2. 外观检查技术要求

（1）电缆不存在过度弯曲、过度拉伸、外部损伤等情况。

（2）电缆抱箍、电缆夹具和电缆衬垫不存在锈蚀、破损、缺失、螺栓松动等情况。

（3）采取有效措施，防止电缆本体与金属件、构筑物摩擦。

（4）电缆防火设施完好。

3. 例行试验

（1）电缆外护套及内衬层绝缘电阻测量。

（2）电缆外护套直流耐压试验。

（3）电缆主绝缘绝缘电阻测量。

（4）橡塑电缆主绝缘交流耐压试验。

4. 例行试验技术要求

（1）采用 1000V 绝缘电阻表测量，其绝缘电阻不低于 0.5MΩ/km。当外护套或内衬层的绝缘电阻低于 0.5MΩ/km 时，应判断其是否已破损进水，方法是用绝缘电阻表测量绝缘电阻，然后调换表笔重复测量，如果调换前后的绝缘电阻差异明显，可初步判断已破损进水。

（2）先将电缆护层过电压保护器断开，在互联箱中将另一侧的所有电缆金属套都接地，然后在每段电缆金属屏蔽或金属护层与地之间加 5kV 直流电压，加压时间为 60s，不应击穿。

（3）用 5000V 绝缘电阻表测量，与初始值比无显著变化。

（4）采用谐振装置，谐振频率为 20～300Hz，建议频率为 30～70Hz。220kV 及以上，试验电压为 $1.36U_0$，时间为 5min；35～110kV，试验电压为 $1.6U_0$，时间为 5min。

（二）非正常状态电缆本体检修项目、检修内容及技术要求

1. 电缆外护套损伤

（1）带电对损伤部位进行修复。

（2）修复后再次测量外护套绝缘电阻，并进行直流耐压试验。

2. 电缆外护套损伤修复后技术要求

（1）外护套绝缘电阻值满足不低于 $0.5M\Omega/km$。

（2）直流耐压试验不击穿。

3. 电缆主绝缘电阻异常

（1）进行诊断性试验。

（2）试验不合格则进行故障查找及故障处理，更换部分电缆，重新安装电缆接头或终端。

（3）如确定因老化等原因整条电缆无法满足运行要求，进行整体更换。

4. 电缆主绝缘电阻异常处理技术要求

（1）用 5000V 绝缘电阻表测量，与初始值比无显著变化。

（2）更换部分电缆或整体更换时，按规程做交接试验。

5. 电缆本体防火设施异常

（1）防火涂料剥落，防火隔板断裂，防火包带脱落。

（2）防火堵料开裂脱落，防火槽盒破损。

6. 电缆本体防火设施技术要求

电缆本体防火设施完好，不存在防火带脱落、防火涂料剥落、防火槽盒破损、防火堵料缺失等情况。

7. 电缆抱箍和电缆夹具锈蚀、破损、部件缺失

（1）除锈、防腐处理。

（2）螺栓紧固及更换。

8. 电缆抱箍和电缆夹具技术要求

（1）电缆抱箍、电缆夹具不存在锈蚀、破损、部件缺失、螺栓松动等情况。

（2）电力电缆附件是连接电缆与输配电线路及相关配电装置的产品，一般指电缆线路中各种电缆的中间连接及终端连接，它与电缆一起构成电力输送网络。电缆附件主要是依据电缆结构的特性，既能恢复电缆的性能，又保证电缆长度的延长及终端的连接。高压电缆附件的可靠性可以从电气性能、密封防潮性能、机械性能和工艺性能等方面进行评判。

二、电缆附件检修

(一)电缆终端

1. 正常状态电缆终端 C 类检修项目、检修内容及技术要求

(1)绝缘套管。

检修内容：

1)检查外观有无破损、污秽。

2)套管外绝缘有无污秽及放电痕迹。

3)清扫或复涂 RTV 涂料〔室温硫化硅橡胶长效防污闪涂料（含填料）〕。

技术要求：

1)外观无异常。

2)套管外绝缘无污秽及放电痕迹。

3)复合套管严禁使用酒精、乙醚等有机溶剂清扫，对爬距不满足要求的瓷外套进行更换；瓷外套 RTV 复涂次数不得超过 3 次。

(2)支柱绝缘子。

检修内容：

1)检查外观有无破损、污秽。

2)检测上、下端面是否水平。

3)绝缘电阻是否满足要求。

4)清扫。

技术要求：

1)外观无异常。

2)上、下端面处在同一水平面。

3)用 1000V 绝缘电阻表，不得低于 $10M\Omega$。

(3)设备线夹。

检修内容：

1)检查外观有无异常，是否有弯曲、氧化、灼伤等情况。

2)检查紧固螺栓是否存在锈蚀、松动、螺帽缺失等情况。

3)恢复搭接。

技术要求：

1)外观无异常，高压引线、接地线连接正常。

2)螺栓不存在锈蚀、松动、螺帽缺失等情况。

3)搭接良好，按要求紧固螺栓。

(4)终端基础、支架、围栏及保护管。

检修内容：

1)检查基础是否存在沉降、倾斜等情况。

2)检查终端支架是否存在锈蚀、破损、部件缺失等情况。

3）检查围栏、围墙是否存在破损、倒塌、部件缺失等情况。

4）检查终端下方电缆保护管是否存在破损、封堵材料缺失等情况。

技术要求：

1）基础不存在沉降、倾斜等情况。

2）终端支架不存在锈蚀、破损、部件缺失等情况。

3）检查围栏不存在破损、倒塌、部件缺失等情况。

4）终端下方电缆保护管不存在破损、封堵材料缺失等情况。

2. 非正常状态电缆终端检修项目、检修内容及技术要求

（1）设备线类。

设备线夹发热检修内容：

1）除锈、修整。

2）涂抹电力复合脂。

3）紧固螺栓。

4）更换。

连接技术要求：同一线路相间温差不超过 15℃，温度不超过 90℃。

（2）电缆终端绝缘套管。

电缆终端绝缘套管破损检修内容：

1）加强巡视，缩短红外测温工作周期，结合停电进行修补。

2）更换外绝缘绝缘套管或更换终端，充油式电缆终端须同时更换绝缘油。

技术要求：红外测温无异常，电缆终端绝缘套管完好。

（3）支柱绝缘子。

支柱绝缘子破损、碎裂检修内容：

1）注意状态时，加强巡视，定期拍照比对，并根据实际情况结合停电进行更换。

2）异常、严重时停电更换。

技术要求：支柱绝缘子上端面水平，受力均匀。

（二）电缆接头

1. 正常状态电缆接头 C 类检修项目、检修内容及技术要求

外观检查检查内容：

1）检查电缆接头外观有无异常。

2）检查电缆接头两侧伸缩节有无明显变化。

3）检查电缆接头托架、夹具有无偏移、锈蚀、破损、部件缺失等情况。

4）检查电缆接头防火设施是否完好。

外观检查技术要求：

1）外观无异常。

2）电缆接头两侧伸缩节无明显变化。

3）电缆接头托架、夹具无偏移、锈蚀、破损、部件缺失等情况。

4）电缆接头防火设施完好。

2. 非正常状态电缆接头检修项目、检修内容及技术要求

（1）电缆接头变形、破损。

检修内容：

1）注意状态时，加做保护措施，缩短电缆金属护层接地电流检测周期，利用超声波检测、高频、超高频局部放电检测等先进技术手段进行检测。

2）异常状态时，利用超声波检测、高频、超高频局部放电检测等先进技术手段进行检测，确认电缆接头主要部件无损伤，修复防水外壳、接地铜壳或更换电缆接头。

3）严重状态时直接更换电缆接头。

技术要求：

1）各类检测结果无异常。

2）更换电缆接头后按相关规程要求进行试验。

（2）电缆接头发热。

检修内容：

1）注意状态时，缩短巡视周期加强观察，结合接地环流检测、超声波检测、高频、超高频局部放电检测等先进技术手段进行检测。

2）异常状态时，缩短巡视周期加强观察，结合接地环流检测、超声波检测、高频、超高频局部放电检测等先进技术手段进行检测，停电检查接头两侧铅封情况，是否存在虚焊、铅封脱落等情况或更换电缆接头。

3）严重状态时直接更换电缆接头。更换后按相关规程要求进行试验。

技术要求：

1）各类检测结果无异常。

2）更换电缆接头后按相关规程要求进行试验。

第三节　高压电缆附属设备检修

一、附属设备异常情况介绍

（一）接地系统异常情况

电力电缆接地装置由接地箱、交叉互联箱、电缆护层过电压限制器、回流线构成。它是一种将金属外护套与系统的接地网相连通，使电缆的金属外护套处于系统零电位的装置，避免因电缆线路上发生击穿或流过较大电流时电缆外护套多点击穿。接地装置异常包括金属护套悬浮接地、多点接地、接地电阻异常以及护套损耗高、护套击穿等。

1. 金属护层悬浮接地

电缆金属护层悬浮接地是指电缆的金属护层未接地，不符合 GB 50217—2018《电力工程电缆设计标准》中 4.1.10 规定的要求：电力电缆金属层必须直接接地。交流系统中三芯电缆的金属层，在电缆线路两终端和接头等部位接地。

具体表现为电缆护层感应电压过高。具体原因是高压单芯电缆接地系统遭到破坏，交叉互联线被盗或失去与接地网连接之后，金属护层失去与地的连接，护层上的电压将由正常运行时的工频感应电压改变为悬浮电压。接地线和接地箱所用的材料都是铜芯电缆，铜在市场上二次价值很高，且偷盗接地线触电风险低，导致接地线频繁被盗。接地线被盗已经成为造成金属护层悬浮接地的主要原因，如图 4-1 所示。

图 4-1　接地线被盗

2. 金属护层多点接地

电缆金属护层多点接地是指高压单芯电缆金属护层存在多于 1 个直接接地点的情况。具体表现为电缆金属护层环流较大，不满足 DL/T 1253《电力电缆线路运行规程》的要求。

具体原因有电缆外护层损伤、电缆护层老化、接地方式错误、电缆护层保护器损坏或者保护器选型错误等原因，都会导致电缆金属护层存在多于一个接地点，接地点间将出现异常环流，引起多点接地异常。

例如，当氧化锌护层保护器击穿损坏后，保护器端将呈现直接接地的状态，从而导致多点接地，引起环流。

3. 接地电阻异常

接地电阻异常是指接地电阻不满足相关规程的要求。

接地电阻的相关要求：依据 GB 50169—2006《电气装置安装工程　接地装置施工及验收规范》中 3.9 的要求：电力电缆终端金属护层的接地电阻设计无要求时，接地电阻不大于 4Ω。依据 Q/GDW 11316—2014《电力电缆线路试验规程》中 6.3.2 的规定：电缆线路接地电阻测试结果应不大于 10Ω。依据 Q/GDW 1512—2014《电力电缆及通道运维规程》中 5.6.3 的规定：电缆沟接地电阻应小于 5Ω，5.6.5 规定工作井接地电阻不应大于 10Ω；依据附录 I"电缆及通道缺陷分类及判断依据"的要求：沟道、工作井、隧道等的接地网接地电阻大于 1Ω 可视为一般缺陷。

接地电阻异常主要表现为接地点发热、接地电流异常、护层感应电压异常等。

接地电阻异常的主要原因为生锈、断线、接触不良等。如接地线（体）的接地连接点接触不良、终端尾管接地连接点锈蚀、接电线与接地网连接点生锈或连接不紧密、接地线连接的构架或支架锈蚀、接地箱与接地网连接点断开或生锈。对于接地网，长期处于地下或阴暗、潮湿的环境中，容易发生腐蚀，造成接地网局部断裂，接地线与接地网脱离，如图 4-2 所示。

4. 交叉互联系统接错

在一个交叉换位段中，主要有以下三种情况：

（1）两个交叉互联箱同轴电缆的皮、芯与绝缘接头的左右对应不一致，例如：1 号接头的大号侧连接同轴电缆的皮，小号侧连接同轴电缆的芯；而 2 号接头的大号侧连接同轴电缆的芯，小号侧连接同轴电缆的皮。

（2）两个交叉互联箱 3 个相位口插接不一致，例如 1 号交叉换位箱的进线为 ABC 的顺序，而 2 号交叉换位箱的进线为 CBA 的顺序。

图 4-2　接地点锈蚀

（3）多个交叉互联箱内的跨接母排安装方向不统一，导致电缆金属护层未能实现正确的交叉换位，图 4-3 所示两个交叉互联箱换位方式不统一，从而导致交叉换位错误。

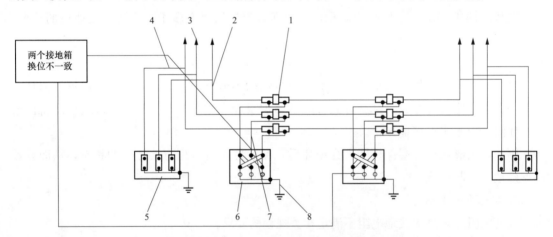

图 4-3　两个交叉互联箱换位方式不统一

1—绝缘接头；2—电缆；3—终端头；4—电缆金属屏蔽层接地线；

5—接地监测箱；6—交叉互联箱；7—同轴电缆；8—接地线

5. 接地装置非故障性损坏

接地装置非故障性损坏是指与接地有关的设备，如土建、接地箱、接地线等存在的损坏，暂时不影响设备正常运行。

接地装置损坏主要表现有接地构筑物损坏、接地箱门锁损坏、接地线破损等。接地装置损坏的主要原因是外力破坏、正常老化、安装质量、盗窃等。此类异常，主要通过加强巡视，及时发现此类现象，及时消缺，避免出现附属设备异常的状况。

接地装置常见异常如表 4-1 所示。

表 4-1   接地装置常见异常

部位	异常描述	主要表现
接地箱	基础损坏	素混凝土结构：局部点包封混凝土层厚度不符合设计要求的。 钢筋混凝土结构：局部点包封混凝土层厚度不符合设计要求但未见钢筋层结构裸露的
		素混凝土结构：局部点无包封混凝土层可见接地电缆的。 钢筋混凝土结构：包封混凝土层破损仪造成有钢筋层结构裸露见接地电缆的
	接地箱外观	箱体损坏、保护罩损坏、基础损坏情况
	箱体损坏	箱体（含门、锁）部分损坏
		箱体（含门、锁）多处或整体损坏
	箱体缺失	箱体缺失
	护层保护器损坏	存在保护器损坏情况
	交叉互联换位错误	存在交叉互联换位错误现象
	母排与接地箱外壳不绝缘	存在母排与接地箱外壳不绝缘现象
	接地箱接地不良	连接存在连接不良（大于 1Ω 但小于 2Ω）情况
		箱体存在接地不良（大于 2Ω）情况
	交叉互联系统直流耐压试验不合格	电缆外护套、绝缘接头外护套、绝缘夹板对地施加 5kV，加压时间为 60s
	过电压保护器及其引线对地绝缘不合格	1000V 条件下，应大于 $10M\Omega$
接地类设备	交叉互联系统闸刀（或连接片）接触电阻测试	要求不大于 $20\mu\Omega$ 或满足设备技术文件要求
	接地不良	存在接地不良（大于 1Ω）现象
	焊接部位未做防腐处理	焊接部位未做防腐处理
		锈蚀严重，低于导体截面的 80%
	与接地箱接地母排连接松动	与接地箱接地母排连接松动
	与接地网连接松动断开	与接地网连接松动
		与接地网连接断开
	接地扁铁缺失	接地扁铁缺失
	护套接地连通存在连接不良	接地连通存在连接不良（大于 1Ω）情况
同轴装置	与电缆金属护套连接错误	与电缆金属护套连接错误（内、外芯接反）
	同轴电缆受损	存在同轴电缆外护套破损现象，受损股数占全部股数<20%
		受损股数占全部股数≥20%
	同轴电缆缺失	同轴电缆缺失
接地单芯引缆	单芯引缆受损	存在单芯引缆外护套破损现象，受损股数占全部股数<20%
		受损股数占全部股数≥20%
	单芯引缆缺失	单芯引缆缺失
回流线	回流线受损	存在回流线外护套破损现象，受损股数占全部股数<20%
		受损股数占全部股数≥20%
	回流线缺失	回流线缺失
	连接松动断开	连接松动
		连接断开

（二）避雷器异常情况

1. 本体异常

避雷器运行时间长、密封不良潮气浸入等，容易造成内部绝缘降低或损坏，加速电阻片的劣化，引起泄漏电流上升，导致瓷套内部放电，严重时避雷器内部气体压力和温度急剧升高，引起避雷器阀片击穿、内部闪络、本体断裂或爆炸，如图4-4所示。避雷器断裂的原因主要有以下两种：

（1）避雷器结构存在缺陷，本体上出现明显应力集中部位。

（2）避雷器泄漏电流流过本体，在断裂处发生电化学腐蚀，导致截面减小，机械强度降低，最终断裂。

本体异常往往表现为避雷器温度异常，如局部温度过高、泄漏电流增大等现象。

2. 表面脏污

避雷器在污秽严重或严重覆冰的情况下，伞裙被污秽或冰凌等桥接，泄漏距离缩短。冰层表面水膜具有较高的电导率，增大了泄漏电流，如图4-5所示，同时污秽或冰凌间隙引起避雷器外绝缘表面电压分布的畸变，降低了闪络电压，造成避雷器外部闪络放电。

图4-4　氧化锌避雷器爆炸

图4-5　避雷器脏污导致泄漏电流增大

3. 引线断裂或紧绷

避雷器引线断裂、脱落或紧绷是避雷器异常的常见现象。避雷器引线脱落情况，如图4-6所示。避雷器引线断裂或脱落的主要原因主要包括：

（1）编织线随风摆动，避雷器的连接处来回摩擦，久而久之，造成编织带软线磨断或连接处固定螺栓松动，引起断裂或脱落。

（2）编织线直接裸露在空气中，遭受空气中水分及各种酸、碱等气体腐蚀，导致断裂。

避雷器引线紧绷的可能原因是设备安装过程中，引线较短，避雷器安装未按安装图纸施工，导致安装位置或尺寸不满足要求。

4. 底座附件生锈

避雷器底座是靠底座绝缘子、支架等固定的，底座钢板与地的绝缘必须依靠小瓷套及绝缘套来实现，这些部件的异常容易引起避雷器故障，被生锈的螺杆胀裂的瓷套如图4-7所示。

由于螺栓与绝缘套及小瓷套之间存有一定的空隙，当下雨或天气潮湿时，钢制M16螺栓出现生锈，而锈屑把原用来排水的小间隙堵塞，令其长期积水，最终形成了恶性循环。由于钢制M16螺栓长期生锈膨胀，当锈屑把螺栓与绝缘套与小瓷套之间的空间塞满时，由于没有空间给其膨胀，最终结果就是将小瓷套胀裂。

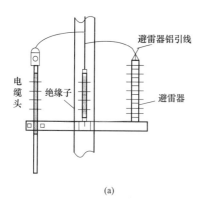

(a)　　　　　　　　　　　　(b)

图 4-6　避雷器引线脱落

（a）示意图；（b）现场图

5. 避雷器泄漏电流表（计数器）指示异常

避雷器泄漏电流表（计数器）指针回零、异常偏大或满偏，如图 4-8 所示。

图 4-7　被生锈的螺杆胀裂的瓷套　　图 4-8　避雷器泄漏电流表指针回零

避雷器泄漏电流表指示异常主要包括：

（1）避雷器屏蔽线脱落。由于固定不良，使得屏蔽线脱落触碰避雷器底座造成泄漏电流表短接，泄漏电流表指示降低或无指示。这会引起避雷器内部故障的误判，造成不必要的停电。

（2）泄漏电流表计卡涩或损坏。有些泄漏电流表示机械结构的，容易卡涩造成指针回零或无变化，不利于避雷器的正常检测。

（3）雨、雪、雾等潮湿天气。避雷器底座脏污受潮引起绝缘电阻下降，对泄漏电流起分流作用，使得泄漏电流表读数变小。这种情况对避雷器运行无大碍，但如果避雷器内部受潮或电阻片老化，造成泄漏电流增大，而由于底座的分流作用，使得泄漏电流表读数降低或接近正常值，此种情况容易造成误判，引起事故。

（4）泄漏电流表与引线接触不良。表计与引线接触部分已经锈蚀，过渡电阻增大使得表计指示偏小。

（5）避雷器内部绝缘受潮。氧化锌避雷器内部受潮，造成绝缘下降，泄漏电流表指示增大或满偏。

避雷器常见异常表现如表 4-2 所示。

表 4-2   避雷器常见异常表现

部位	异常描述	主要表现
本体	外观破损、连接线断股、引线被盗或断线	存在连接松动、破损
		连接引线断股、脱落，螺栓缺失；引线被盗或断线
	动作指示器破损、误指示等	存在图文不清、进水和表面破损
		误指示
	均压环	外观有严重锈蚀，存在脱落、移位现象等
		存在缺失
	电气性能不满足	直流耐压不合格、泄漏电流超标或三相监测严重不平衡
支架	底座支架锈蚀	存在锈蚀和损坏情况
底座	锈蚀	底座金属表面有较严重的锈蚀或油漆脱落现象
	绝缘电阻不合格	按测量值不小于 $100\text{M}\Omega$ 的要求进行判别
引线	过紧	可能导致倾斜，影响运行
	连接部位发热	相对温差超过 6K，但小于 10K
	连接部位发热	相对温差大于 10K

（三）在线监测装置异常情况

在线监控装置由监控中心、综合监测子站、电缆通道内传感及控制设备组成，其中监控中心主要负责数据的收集和处理，数据监测子站主要负责数据的采集和分析，各传感及控制设备则通过总线传输采集量和控制信息。

在线监测系统的主要异常可分为以下三类：

（1）监控中心异常。监控中心数据收集分析异常或错误、屏幕显示数据异常、系统无法启动等系统软件异常。

（2）数据传输异常。数据传输失败或者数据传输错误。

（3）在线监测装置的传感、控制设备、显示设备、传输设备、动作执行设备等硬件设备异常。

在线监测装置常见异常如表 4-3 所示。

表 4-3   在线监测装置常见异常

部位	缺陷描述	主要表现
光纤测温系统	测温光缆损坏缺失	测温光缆损坏
		测温光缆缺失
	测温系统故障	测温系统软、硬件故障
在线局部放电监测系统	在线局部放电监测系统故障	在线局部放电监测系统软、硬件故障
金属护层接地电流在线监测系统	金属护层接地电流在线监测系统故障	金属护层接地电流在线监测系统统软、硬件故障
隧道设备监视与控制系统	隧道设备监视与控制系统故障	照明、通风、排水等系统软件和硬件故障

续表

部位	缺陷描述	主要表现
隧道火灾报警系统	隧道火灾报警系统故障	隧道火灾报警系统软件、硬件故障
身份识别系统与防盗监视系统	身份识别系统与防盗监视系统故障	身份识别系统与防盗监视系统软件、硬件故障
廊道沉降变形监控系统	廊道沉降变形监控系统故障	廊道沉降变形监控系统软件、硬件故障
隧道视频监控系统	隧道视频监控系统故障	隧道视频监控系统软件、硬件故障

二、高压电缆附属设备检修

(一)接地系统检修

(1) 正常状态接地系统 C 类检修项目、检修内容及技术要求见表 4-4。

表 4-4　　　　　　　正常状态接地系统 C 类检修项目、检修内容及技术要求

检修项目	检修内容	技术要求	备注
外观检查	(1) 检查接地箱、保护箱、交叉互联箱的箱体有无锈蚀、是否密封不良、支撑箱体部位有无变形。 (2) 检查接地箱、保护箱、交叉互联箱内部电气连接是否松动或有其他异常。 (3) 检查护层过电压限制器外观是否脏污、有无破损。 (4) 检查接地电缆、同轴电缆、回流线外观是否受损、固定是否牢固。 (5) 检查接地极是否有锈蚀、断裂等情况。 (6) 检查箱体标识是否缺失、字迹是否清楚、运行编号信息是否正确	(1) 箱体无锈蚀、密封良好、支撑部位无变形。 (2) 电气连接部位无松动及其他异常。 (3) 护层过电压限制器外观清洁、无损伤现象。 (4) 接地电缆、同轴电缆、回流线外观无损伤、固定牢固。 (5) 接地极无锈蚀、断裂等异常情况。 (6) 箱体标识不缺失、字迹清楚、运行编号信息正确	
例行试验	(1) 核对交叉互联接线方式。 (2) 电缆外护套、绝缘接头外护套、绝缘夹板对地直流耐压试验。 (3) 护层过电压限制器及其引线对地绝缘电阻测量。 (4) 接地极接地电阻测量	(1) 交叉互联接线方式正确。 (2) 电缆外护套、绝缘接头外护套、绝缘夹板对地直流耐压试验。试验方法：先将电缆护层过电压保护器断开，在互联箱中将另一侧的所有电缆金属套都接地，然后在每段电缆金属屏蔽或金属护层与地之间加 5kV 直流电压，加压时间为 60s，不应击穿。 (3) 护层过电压保护器测试。护层过电压保护器的直流参考电压应符合设备技术要求；用 1000V 绝缘电阻表测量护层过电压保护器及其引线对地的绝缘电阻，不应低于 10MΩ。 (4) 测量接地装置接地电阻，不应大于 10Ω	

(2) 注意、异常、严重状态接地系统缺陷处理见表 4-5。

表 4-5　　　　　　　注意、异常、严重状态接地系统缺陷处理

缺陷	状态	检修类别	检修内容	技术要求	备注
接地箱、交叉互联箱箱体破损、缺失	注意	D 类	对于不接触带电体的，采取临时措施修复，需要接触带电体的，结合停电处理	接地箱、交叉互联箱箱体完好，无破损、缺失情况	
	异常	C 类	停电处理，修复或更换部件，情况严重的执行 B 类检修		
	严重	B 类	停电处理，更换接地箱、交叉互联箱		

缺陷	状态	检修类别	检修内容	技术要求	备注
接地箱、交叉互联箱基础破损、沉降	注意	D类	带电处理,加固或修复	接地箱、交叉互联箱基础完好,无破损、沉降等情况	
	异常				
	严重				
接地箱、交叉互联箱支撑部位锈蚀、破损、部件缺失	注意	D类	带电进行除锈防腐处理、更换或加装	接地箱、交叉互联箱支撑部位完好,无锈蚀、破损、部件缺失等情况	
	异常				
	严重				
接地箱、交叉互联箱内部连接片锈蚀、缺失	注意	C类	停电进行更换或加装	接地箱、交叉互联箱内部连接完好,无锈蚀、缺失等情况	
	异常				
	严重				
接地电缆、同轴电缆、护层直接接地箱的总接地电缆破损、缺失	注意	D类、C类	外皮、绝缘破损的进行带电修复线芯受损或电缆缺失的,停电进行修复	接地电缆、同轴电缆、回流线完好,连接良好	
	异常				
	严重				
护层保护接地箱、交叉互联箱的总接地电缆、回流线破损、缺失	注意	C类	修复或加装	护层保护接地箱、交叉互联箱的总接地电缆、回流线完好,连接良好	
	异常				
	严重				
交叉互联连接方式不正确	注意	C类	停电处理,恢复正确的交叉互联连接方式	确保交叉互联连接方式正确	
	异常				
	严重				
电缆外护套、绝缘接头外护套、绝缘夹板对地直流耐压试验	注意			对电缆外护套、绝缘接头外护套、绝缘夹板对地进行直流耐压试验,结果无异常	
	异常				
	严重	C类	查找故障点并修复		
护层过电压限制器及其引线对地绝缘电阻不合格	注意			护层过电压限制器及其引线对地绝缘电阻应合格,应不低于 0.5MΩ/km	
	异常				
	严重	C类	更换不合格的护层过电压限制器,修复或更换引线对地绝缘		
检查箱体标识缺失、字迹模糊、运行编号信息不正确	注意	D类	带电进行修复	箱体标识不缺失、字迹清楚、运行编号信息正确	
	异常				
	严重				
接地极接地电阻不合格	注意			测量接地装置接地电阻,不应大于 10Ω	
	异常				
	严重	C类	增设接地桩,必要时进行开挖检查修复		

(3) 检修流程图如图 4-9 所示。

(4) 检修项目与作业标准见表 4-6。

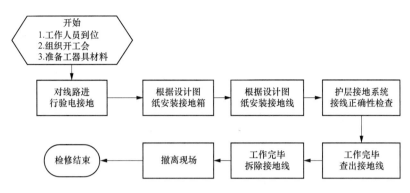

图 4-9　检修流程图

表 4-6　　　　　　　　　　　　　　　　检修项目与作业标准

序号	检修项目	作业标准	注意事项
1	试验人员对接地箱、接地绝缘线等进行交接试验	（1）设备型号规格与设计要求相一致。 （2）接地箱交接试验合格。 （3）各类绝缘接地线试验，其绝缘性能应与电缆金属护套对地绝缘具有同一水平，交接时 10kV 直流试验合格，预试时 5kV 直流耐压试验合格。 （4）接地箱铜排连接恢复	（1）按标准完成电缆接地箱护层保护器、接地线绝缘电阻等，不得漏项。 （2）该工作可在现场进行，也可提前完成
2	现场安装人员开箱检查	核对接地箱、接地绝缘线试验是否合格，使用试验合格的产品。 开箱保护接地箱铜排连接是否正确	检查铜排连接相序并与电缆护套接地线相序对应（箱体内附连接图）
3	拆除原有接地箱或接地线、选择最佳安装位置	（1）接地系统保护箱应尽可能放置在地面上，受条件限制不允许时，接地箱应密封良好，箱体采用不锈钢材料。 （2）若箱体浸水受潮进行防水处理或进行更换，结合现场情况相应地更换或修复护层接地绝缘线	接地箱防水处理方法：铜片去除铜绿，接线与箱体的密封热缩管平整到位且绕包防水带，接线与地网的铜鼻子实心紧密压接且绕包防水带或使用热缩套包覆
4	安装接地箱	（1）根据设计要求和规范及厂家安装说明要求进行接地箱安装，接地箱安装紧固。 （2）电缆终端接地箱安装位置要考虑测试维护工作的便利性。 （3）中间接头的接地箱安装在地面上时，检查土建基础是否符合设计和规范要求；安装在隧道或中间井内时，尽量放置在离地面较近的位置	安装时在电缆金属护层上接好地线，防止感应电触电
5	安装接地线	根据设计要求和规范进行接地线安装： 电力电缆金属层必须直接接地。交流系统中三芯电缆的金属层在电缆线路两终端和接头等部位实施接地。 交流单芯电力电缆线路的金属层上任一点非直接接地处的正常感应电势计算，符合 GB 50217—2018《电力工程电缆设计标准》附录 F 的规定。电缆线路的正常感应电势最大值应满足下列规定：未采取能有效防止人员任意接触金属层的安全措施时，不得大于 50V（人体接触带电设备装置的安全容许限值）。除上述情况外，不得大于 300V	根据正确接线顺序安装接地线，接地线与接地箱接触紧固。有的电缆线路在电缆终端下部套装了电流互感器作为电流测量和继电保护使用。金属护套两端接地的线路，正常运行时，金属护套上有环流；金属护套一端接地或交叉互联的电缆线路，当金属护套出现冲击过电压，保护器动作时金属护套上有很大的电流经接地线流入大地。这些电流都将在电流互感器上反映出来，为了抵消这些电流的影响，必须将套有电流护感器一端的金属护套接地线或者连接器的接地线自上而下穿过电流互感器

序号	检修项目	作业标准	注意事项
5	安装同轴电缆	接地箱电压限制器与电缆金属护套连接线尽可能短，3m之内可采用单芯塑料绝缘线，3m以上采用同轴电缆。 按设计图纸和规范要求，同轴电缆一端接在中间接头处，另一端接在接地箱内，接触紧密良好；并做好密封措施	
	安装回流线	根据设计要求和规范进行接地线安装： 回流线截面符合动、热稳定要求。 为保证电缆运行时在回流线上产生的损耗最小，有条件的情况下将回流线敷设在电缆线路边相与中相之间，并在中点处换位。回流线和边相、中相之间的距离，符合"三七开"比例。电缆线路任一终端设置在发电厂、变电站时，回流线与电源中性线接地的接地网连通	
6	电缆护层接地系统（含交叉互联）接线的正确性	核对图纸。 试验方法一：使用双臂电桥和绝缘电阻表，利用测量直流电阻（两相短接）和绝缘电阻（一相空置）的核相方式校验每大段交叉互连接线是否正确。 试验方法二：应用直流电池和万用表，采取电压法，在电源侧终端处接地线A、B、C相与地间分别挂1.5、3.0、4.5V的电池（一般挂在终端尾管处），然后用万用表复核交叉互联段的A、B、C各点电压值，通过比较法来判断接线正确性。 将现场实际接线与图纸设计、施工图历史记录以及试验结果相比较，均应相一致	
7	恢复接地箱盖板	测试连接线、铜联排的接触电阻，不大于20$\mu\Omega$。 恢复盖板橡胶防水密封条，安装接地箱盖板，接地箱盖板螺栓拧紧且均匀受力	防水密封条不符合要求时，应及时更换
8	防水处理	在接地箱接地线进入口处绕包防水带或采用热缩套管热缩包覆等方法进行防水处理	
9	标记	绕包相色标记	在接地线上根据电缆相序做好相色标记

（二）避雷器检修

（1）正常状态避雷器C类检修项目、检修内容及技术要求见表4-7。

表 4-7　　　　　　　正常状态避雷器C类检修项目、检修内容及技术要求

检修项目	检修内容	技术要求	备注
绝缘套管	（1）检查外观有无破损、污秽，无异物附着。 （2）套管外绝缘有无污秽及放电痕迹。 （3）均压环有无错位、变形。 （4）支持绝缘子有无裂纹、破损。 （5）绝缘套管支撑部位有无开裂、锈蚀现象。 （6）清扫	（1）外观无异常，高压引线、接地线连接正常。 （2）套管外绝缘无污秽及放电痕迹。 （3）均压环无错位、无变形。 （4）支持绝缘子无裂纹、破损。 （5）绝缘套管支撑部位无开裂、无锈蚀。 （6）清扫干净	复合套管严禁使用酒精、乙醚等有机溶剂清扫，对于污秽等级上升的区域，更换时提高避雷器爬距。瓷质绝缘套管按要求喷涂防污涂料

检修项目	检修内容	技术要求	备注
设备线夹	（1）检查外观有无异常，是否有弯曲、氧化等情况。 （2）检查紧固螺栓是否存在锈蚀、松动、螺帽缺失等情况。 （3）恢复搭接	（1）外观无异常。 （2）螺栓不存在锈蚀、松动、螺帽缺失等情况。 （3）搭接良好，按螺纹尺寸、适用范围、强度级别的要求紧固螺栓	电气搭接面涂抹适量电力复合脂
计数器及其检测装置	（1）查看外观有无破损、异常。 （2）接地连接线是否良好、有无锈蚀断裂现象，绝缘有无破损。 （3）检查紧固螺栓是否锈蚀、松动、螺帽缺失等	（1）外观无破损、无异常。 （2）接地连接线连接良好，无锈蚀断裂现象，绝缘无破损。 （3）螺栓不存在锈蚀、松动、螺帽缺失等情况	指针式计数器归零，数字式计数器记录动作数据
例行试验	（1）直流 1mA 电压（U_{1mA}）及在 $0.75U_{1mA}$ 下泄漏电流测量。 （2）避雷器底座绝缘电阻测量。 （3）放电计数器功能检查、电流表校验。 （4）计数器上引线绝缘检查	（1）U_{1mA} 初值差不超过 ±5%，且不低于 GB 11032《金属氧化锌避雷器》规定值（注意值），$0.75U_{1mA}$ 漏电流初值差≤30%或≤50μA（注意值）。对于单相多节串联结构，应逐节进行。有下列情形之一的金属氧化物避雷器，应进行本项试验： 1）红外热像检测时，温度同比异常。 2）运行电压下持续电流偏大。 3）有电阻片老化或内部受潮的家族缺陷，尚未消除隐患。 （2）功能应正常，检查完毕应记录当前基数。若配有泄漏电流检测功能，应同时校验电流表，结果应符合设备技术要求。 （3）计数器上引线绝缘符合要求	

（2）注意、异常、严重状态避雷器缺陷处理见表 4-8。

表 4-8　　　　　　　　　　　注意、异常、严重状态避雷器缺陷处理

缺陷	状态	检修类别	检修内容	技术要求	备注
避雷器发热	注意	（1）D 类。 （2）C 类	（1）加强巡视，缩短红外测温工作周期，如出现测温结果明显变化，执行 B 类检修。 （2）结合停电更换	测温结果无明显变化	
	异常 严重	B 类	更换	按验收规程执行	
避雷器绝缘套管破损	注意	D 类	加强巡视，缩短红外测温工作周期	破损部位无发展，红外测温结果正常	
	异常 严重	B 类	更换	按验收规程执行	
避雷器表面积污	注意	（1）D 类。 （2）C 类	（1）加强巡视，缩短红外测温工作周期。 （2）停电清扫	避雷器外观正常，盐密和灰密在正常范围内	对于污秽等级上升的区域，更换时提高避雷器爬距
	异常 严重	C 类	停电清扫		

缺陷	状态	检修类别	检修内容	技术要求	备注
异物悬挂	注意	D类	带电处理	避雷器无异物悬挂	
	异常	C类	停电处理		
	严重				
引流线过紧	注意	D类	缩短巡视周期，加强巡视，阶段性拍照比对	避雷器无倾斜现象，且无明显变化	
	异常	C类	加装过渡板或更换引流线	引流线自然松弛，风偏满足设计要求	
	严重				
均压环锈蚀、移位、脱落	注意	C类	除锈防腐处理，更换或加装	均压环无锈蚀、移位、脱落情况，更换时按安装规程执行	
	异常				
	严重				
避雷器支架锈蚀、破损、部件缺失	注意	(1) D类。(2) C类	(1) 安全距离满足要求的，带电进行除锈防腐处理、更换或加装。(2) 安全距离不满足要求的，停电进行除锈防腐处理，更换或加装	避雷器支架无锈蚀、破损、部件缺失等情况	
	异常				
	严重				
计数器及其测量装置接地线断裂、绝缘破损	注意	D类	缩短巡视周期，加强巡视，阶段性拍照比对	接地线断裂未超过其截面的1/5，绝缘轻微破损	
	异常	C类	停电更换	按相关验收规程执行	
	严重				
电气试验不合格	注意	—	—	避雷器电气试验应合格	
	异常	—	—		
	严重	C类	更换		

（3）检修流程图如图 4-10 所示。

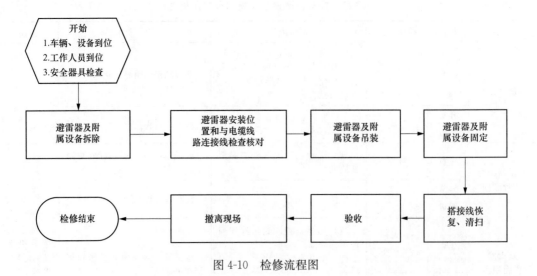

图 4-10　检修流程图

（4）检修项目与作业标准见表 4-9。

表 4-9 检修项目与作业标准

序号	检修项目	作业标准	注意事项
1	避雷器及附属设备拆除	（1）拆除需要更换的避雷器和附属设备的固定螺栓，将连接线拆除，使其从系统中断开。 （2）做好起吊绑扎工作。 （3）使用起重机具缓慢起吊，确认安全后方可继续起吊。 （4）设备到达指定位置后缓慢下落	（1）当设备固定螺栓锈蚀难以拆除时，可采取除锈剂或螺母粉碎机等措施进行相应处理。 （2）附近有带电设备时，拆除线绑扎牢固，防止飘荡后与带电线路过近发生危险
2	避雷器安装位置和与电缆线路连接线检查核对	（1）根据需要更换上去的新装避雷器型号，检查核对避雷器安装螺孔的位置和大小，不一致时根据新装避雷器的安装要求进行槽钢打孔或其他方法处理。 （2）根据需要更换上去的新装避雷器型号，检查与电缆线路连接线的长度是否合适，过紧或过松应重新制作处理	更换不同厂家和型号的避雷器时，提前进行图纸校对和现场核查，提前做好方案和材料、工器具准备
3	避雷器及附属设备吊装	（1）槽钢安装（检查）横平竖直，做防腐处理。 （2）起吊前检查起重设备及安全装置。 （3）重物吊离地面约 10cm 时暂停起吊进行全面检查，确认安全后方可继续起吊。 （4）设备到达指定位置后缓慢下落。 （5）光线不足的工作现场有足够的照明	起吊周围有带电设备时，保持足够的安全距离或采取经规定审核批准的安全距离措施，防止人身触电
4	避雷器及附属设备固定	（1）对吊装到位后避雷器及附属设备进行外观检查，密封良好、无破损等损坏现象。 （2）垂直、水平安装的法兰接触面应符合要求（用线锤测量垂直误差不得大于 2mm，悬挂式避雷器除外）。 （3）设备固定各部件（含接地线）螺栓紧固，接触良好。 （4）有计数器设备的，安装成 45°仰角，便于地面观察；计数器显示三相数字相同，要求尽量全部回零；与避雷器连接和底座接地牢固可靠；使用脱扣器的，根据厂家说明要求安装。 （5）有均压环的，均压环与瓷裙间隙均匀一致，安装牢固，无开裂，安装水平一致；涂上相色漆，做好防腐措施。 （6）避雷器安装用构架有两处与地网可靠连接，集中接地装置及标志正确，集中接地引下线断线卡位置合理	（1）避雷器相间、相对地距离、与户外终端的距离符合规范及图纸要求。 （2）固定部件部位若有锈蚀，进行打磨或更换处理，确保搭接紧固，接触良好
5	搭接线恢复	（1）相色标志正确、清晰；铭牌标志牢固、内容完整、清晰。 （2）电缆终端、避雷器、架空线路之间的搭接线恢复安装，接触良好、可靠，无氧化膜，并涂有电力复合脂。 （3）避雷器及附属设备部分更换时，做好未更换部分的检查、清扫工作	（1）搭接线若有锈蚀，进行打磨或更换处理，确保搭接紧固，接触良好。 （2）搭接线长度适中，搭接不得过松或过紧

（三）在线监测装置

（1）正常状态在线监测装置 C 类检修处理见表 4-10。

表 4-10 　　　　　　　　　　正常状态在线监测装置 C 类检修缺陷处理

检修项目	检修内容	技术要求	备注
在线监控平台	检查系统是否运行正常	系统运行正常	
监控子站	检查子站屏、工控机、打印机等设备是否工作正常	子站屏、工控机、打印机等设备工作正常	
环流监测装置	（1）校验环流监测数据的准确性。 （2）检测设备与控制中心通信是否正常	中心显示环流数据正常	
在线局部放电监测装置	（1）校验监测数据的准确性。 （2）检测设备与控制中心通信是否正常	中心显示在线局部放电数据正常	
在线测温装置	（1）校验监测数据的准确性。 （2）检测设备与控制中心通信是否正常	中心显示温度数据正常	
通风设施	（1）检查风机转动是否正常。 （2）检查风机排风效果是否正常。 （3）检查远程控制及就地控制可靠性。 （4）检查风机各模式下传感器灵敏度是否正常	（1）线路供电可靠、转速稳定、无异常噪声。 （2）排风效果明显。 （3）远程控制及就地控制可以自由切换。 （4）自启动模式、巡视模式、火灾模式等多种模式均能按照规定要求正常工作	
环境监测系统	（1）检查各子系统（水位、温度、湿度、烟雾、有毒气体等）是否工作正常。 （2）校验各监测表计的准确性	（1）各子系统（水位、温度、湿度、烟雾、有毒气体等）工作正常。 （2）表计显示的读数在允许的误差范围之内	
排水设施	（1）检查水泵是否正常运转。 （2）检查自启动模式是否正常	（1）水泵排水效果理想。 （2）水位监控传感器正常感应水位，电动机自启动工作	
照明设施	（1）检查照明灯具是否正常。 （2）检查远程控制及就地控制可靠性	（1）灯具均能正常工作。 （2）远程控制及就地控制可以自由切换	
通信设施	（1）检查有线通信设备和控制中心通信是否正常。 （2）检查移动通信设备是否正常	（1）电力舱通信设备和中心通信联络正常。 （2）移动手机信号正常	
消防设施	（1）检查消防器具的使用寿命。 （2）检查消防设备的完整性。 （3）检查火灾报警系统是否正常工作	（1）消防器具均在使用寿命内。 （2）消防设备无遗失	
井盖控制系统	（1）检查井盖控制系统是否工作正常。 （2）检查远程控制和就地控制可靠性。 （3）检查入侵报警系统是否正常工作	（1）井盖控制系统工作正常。 （2）远程控制模式和就地控制模式可以自由切换。 （3）入侵报警系统应工作正常	门禁系统参照执行

续表

检修项目	检修内容	技术要求	备注
视频监控系统	检查视频监控是否工作正常	视频监控工作正常	
综合管廊电力舱应力应变监测装置	检查综合管廊电力舱应力应变监测装置是否工作正常	综合管廊电力舱应力应变监测装置工作正常	
智能巡检机器人	(1) 检查是否移动顺畅。 (2) 检查数据传输是否正常	(1) 移动顺畅。 (2) 数据传输正常	

（2）注意、异常、严重状态在线监测装置缺陷处理见表 4-11。

表 4-11　　　　　　注意、异常、严重状态在线监测装置缺陷处理

缺陷	状态	检修类别	检修内容	技术要求	备注
在线监控平台	注意 异常 严重	D 类	修复或升级改造	系统运行正常	
监控子站	注意 异常 严重	D 类	修复或更换	监控子站运行正常	
环流监测装置工作异常	注意 异常 严重	D 类	修复或更换	中心显示环流数据正常	
在线局部放电监测装置工作异常	注意 异常 严重	D 类	修复或更换	中心显示在线局部放电数据正常	
在线测温装置工作异常	注意 异常 严重	D 类	(1) 修复。 (2) 内置式光纤损坏，则加装外置式测温装置	中心显示测温数据正常	
通风设备异常	注意 异常 严重	C 类	(1) 涂抹防滑剂。 (2) 更换气体、温度传感器。 (3) 更换控制回路损坏部件	通风设备工作正常	
环境监测设施异常	注意 异常 严重	C 类	(1) 更换表计。 (2) 更换气体检测传感器。 (3) 修复数据通信线	环境监测设备工作正常	
排水设施异常	注意 异常 严重	C 类	(1) 更换水泵。 (2) 更换水位监测传感器	排水设施工作正常	
照明设施异常	注意 异常 严重	C 类	(1) 更换灯具。 (2) 更换控制回路损坏部件。 (3) 修复低压电源	照明设施工作正常	
通信设施异常	注意 异常 严重	D 类	(1) 更换线路受损部分。 (2) 更换无线信号发射器	通信设施工作正常	

缺陷	状态	检修类别	检修内容	技术要求	备注
消防设施异常	注意	D类	（1）更换使用寿命到年限的部件。 （2）补充遗失的消防设施	消防设施工作正常	
	异常				
	严重				
井盖控制系统异常	注意	D类	修复	井盖控制系统工作正常	
	异常				
	严重				
视频监控系统异常	注意	D类	修复	视频监控系统工作正常	
	异常				
	严重				
电力舱和隧道应力应变监测装置异常	注意	D类	修复	应力应变监测装置工作正常	
	异常				
	严重				

第四节　高压电缆通道及附属设施检修

高压电缆通道及附属设施在高压电缆运行过程中起到容纳、保护和支撑的作用，但由于通道施工质量和所处环境的影响，高压电缆通道及附属设施会发生影响高压电缆安全运行的各种缺陷，本节主要对高压电缆通道及附属设施的缺陷、检测方法和检修内容进行介绍。

一、高压电缆通道的主要类型

1. 直埋

直埋方式的优点是施工简单、周期短、散热条件好，工程造价低；但通道防外破能力差，通道容量小，受通道环境污染影响大，增设、抢修电缆时需多次开挖，施工难度大，且增加其他在运电缆的安全运行风险。多用于 35kV 及以下电缆线路。

2. 电缆隧道

电缆隧道可容纳多电压等级电缆线路且通道容量大；防外破能力强、方便安装温度、水位、气体检测、防外侵报警等监测设备，便于开展电缆线路的施工和日常运维，但存在工程造价高、工期长、后期运维成本高、施工开挖深度大、受地质条件影响大等问题。一般采用明挖、暗挖、顶管或盾构的方式施工。多用于 500kV 电缆线路、密集敷设的 220kV 电缆线路。

3. 电缆沟道

电缆沟道的优点是结构简单，防外破能力较强，容纳电缆回路数较多，电缆检修、敷设方便。单位工程造价较排管方式略高，但通道内增设、抢修和检修电缆时需二次开启，现场施工受市政影响大；同沟电缆间相互间影响大，隔离效果不明显；防火、防外侵和防

盗能力弱，雨水、污水倒灌情况较为普遍。多用于 110kV 及以下电缆线路，个别情况下用于截面不大于 1000mm² 的 220kV 电缆线路。

4．排管

排管方式（特别是钢筋混凝土包封排管）的优点是整体性好、机械强度高、施工工期短，单位工程造价较低。但线路故障时需更换工作井间整段电缆（80～200m）；排管通道内的电缆线路散热条件差，影响电缆载流量；敷设高压大截面电缆存在电缆热机械应力问题。排管一般采用明挖、顶管施工和非开挖定向钻技术，但采用非开挖定向钻技术时，无法准确控制施工路径和掌握路径资料，不利于通道运维。近年来，排管外破事故也发生较多。排管方式多用于 220kV 及以下电缆线路。

5．电缆桥架

电缆桥架主体一般为钢结构体。主要用于跨河、跨海等短距离电缆敷设。

二、高压电缆通道本体结构缺陷类型

1．结构裂缝

（1）纵向裂隙。

（2）环向裂隙。

（3）斜向裂隙。

2．腐蚀、材质劣化

（1）钢筋锈蚀。

（2）混凝土钙状物析出。

（3）结构锈蚀。

（4）起层、剥落。

3．渗漏水

电缆通道水害按程度分为润水、渗水、滴水、漏水、射水、涌水。

4．淤积

淤积主要包括塌（散）落物、垃圾、油污、沉沙、滞水等。

5．位移、变形

（1）结构、衬砌变形。

（2）沉陷。

（3）错台。

（4）压溃。

（5）塌陷。

6．通道外部空洞

通道外部空洞的形成原因包括外部流水的侵蚀冲刷、邻近施工扰动带来的局部水土流失等。空洞可能导致应力集中，影响结构的安全性。通道外部存在空洞不仅是围岩松弛、土压增加的原因，也阻碍了被动土压的产生，是造成通道结构强度降低的原因。严重时，可能导致通道发生坍塌。

三、高压电缆通道本体结构的检测方法

（一）高压电力电缆通道本体结构检测基础

高压电缆通道本体结构的检测、鉴定和加固包含了结构检测、结构鉴定、结构加固3个方面的知识和技能。这3方面可以相互独立，如有的通道只需要进行结构的鉴定，有的只需要进行结构加固，但更多的情况需要这3项技能综合运用。多数情况下结构的检测是结构鉴定的依据，鉴定过程中要进行相关的检测工作。而结构的检测和鉴定又往往是结构加固的必要前提。

结构的检测、鉴定与加固涉及的知识结构很广泛，它涉及结构的力学性能的检测、耐久性的检测；涉及结构及构件正常使用性鉴定和安全性鉴定；涉及各种结构的加固理论和加固技术，是进行电缆通道检修必须要学习的知识。

1. 鉴定检测分类

（1）正常使用性鉴定检测。包括施工验收检测和正常使用检测。施工验收检测是为了评定通道质量与设计要求或施工质量验收规范规定的符合性所进行的检测，是施工验收不可缺少的重要环节；正常使用检测是为了评估通道结构的安全性、耐久性所进行的检测。当发生如下情况需开展正常使用检测：

1）通道结构改造、扩建。

2）通道结构达到设计使用年限要继续使用。

3）通道结构环境发生改变或受到环境侵蚀。

4）相关法规、标准、政策规定的结构使用期间的检测。

（2）病害通道安全性鉴定检测。错误的设计、低劣的施工、不适当的使用及外部条件变化等原因使通道发生了局部损坏，不能满足正常使用要求，甚至濒临破坏。需针对病害通道的安全性开展结构性检测。如下情况需开展病害通道安全性结构检测。

1）发生工程质量事故，需要分析事故的原因。

2）发生工程质量事故，进行加固修复，需查明通道的损伤情况。

3）通道损坏，申报大修，需出具凭证。

2. 电缆通道结构形式

电缆通道结构形式可分为3类：

（1）钢筋混凝土结构，包括预制的混凝土构件和现浇的混凝土结构，设计寿命（隧道100年，电缆沟道50年）。

（2）砌体结构，设计寿命为25～50年。

（3）钢结构（桥架），设计寿命为100年。

3. 检测项目

（1）钢筋混凝土结构的检测项包括：

1）混凝土抗压强度。

2）混凝土碳化深度。

3）混凝土裂缝的宽度和长度。

4）钢筋保护层厚度和钢筋间距。

5）钢筋锈蚀情况。

（2）砌体结构的检测项包括：

1）烧结砖抗压强度。

2）砌筑砂浆强度。

3）砌筑砂浆碳化深度。

（3）钢结构的检测项包括：

1）型钢抗拉强度。

2）型钢厚度。

3）钢材覆层厚度。

此外，常开展的检测项还包括通道变形检测、通道外空洞探测和环境腐蚀性检测等。

（二）钢筋混凝土结构检测

钢筋混凝土结构检测包括几何量检测（如结构的几何尺寸、结构变形、混凝土保护层厚度、钢筋位置和数量、裂缝宽度等）、物理力学性能检测（如材料强度、地基的承载能力等）、化学性能检测（混凝土碳化、钢筋锈蚀等）。

1. 混凝土抗压强度检测

钢筋混凝土强度检测按方法不同可以分为无损检测法（回弹法、超声波法、综合法）、半破损检测法（取芯法、拉拔法）和破损检验法（破坏性试验）。电力通道检测目前主要适合开展无损检测法。

采用回弹法检测及推定混凝土抗压强度是一种不会对结构实体造成损伤的无损检测手段。检测混凝土强度需要在混凝土结构本体表面进行操作，要求表面无刮白、涂刷等其他装饰性作业材料。

（1）回弹法的原理。回弹法是用一个弹簧驱动的重锤，通过弹击杆，弹击混凝土表面，并测出重锤被反弹回来的距离（回弹值），利用回弹值与混凝土抗压强度之间的相关性来推定混凝土强度的一种方法。

（2）适用范围。适用普通混凝土抗压强度的检测，不适用于表层与内部质量有明显差异或内部存在缺陷的混凝土强度检测。强度等级 C10～C60 的结构混凝土选用 M225 型回弹仪；强度在 C50～C100 的结构混凝土选用 H450 型或 H550 型回弹仪。

（3）技术依据。

1）《回弹法检测混凝土抗压强度作业指导书》。

2）《数显式回弹仪操作规程》。

3）JGJ/T 23《回弹法检测混凝土抗压强度技术规程》。

（4）主要设备。M225 型回弹仪标称能量为 2.207J，在洛氏硬度 HRC 为 60±2 的钢砧上，回弹仪的率定值为 80±2。

（5）测位选择。在相同生产工艺条件下，相同混凝土强度等级，原材料、配合比、成型工艺、养护条件基本一致且龄期相近的同类结构或构件视为同一批次。

按批检测的构件中，随机抽取并使所选构件具有代表性单个构件或结构。推荐在电缆通道中选取比较薄弱的 1～2 处结构部位进行检测，分别测试构件的边缘接缝部位和中间部位。

（6）测试步骤。

1）在混凝土表面用"粉笔"或"记号笔"进行标识，划分出测区位置。

2）测区数量：每一结构或构件上划分 10 个测区。对某一方向尺寸小于 4.5m 且另一方向尺寸小于 0.3m 的构件，其测区数量可适当减少但不应少于 5 个。

3）每个测区面积不大于 0.04m²，每测区布置 16 个测点。

4）测区表面清洁、平整、干燥，不应有接缝、饰面层、粉刷层、浮浆、油垢以及蜂窝、麻面等，必要时可用砂轮清除表面的杂物和不平整处，磨光的表面不应有残留的粉末或碎屑。

2. 混凝土碳化深度检测

（1）检测的原理。混凝土的碳化是混凝土所受到的一种化学腐蚀。空气中 CO_2 气体渗透到混凝土内，与其碱性物质起化学反应后生成碳酸盐和水，使混凝土碱度降低的过程称为混凝土碳化，又称作中性化。其化学反应为

$$Ca(OH)_2 + CO_2 = CaCO_3 + H_2O$$

水泥在水化过程中生成大量的氢氧化钙，使混凝土空隙中充满了饱和氢氧化钙溶液，其碱性介质对钢筋有良好的保护作用，使钢筋表面生成难溶的 Fe_2O_3 和 Fe_3O_4，称为钝化膜。碳化后使混凝土的碱度降低，当碳化超过混凝土的保护层时，在水与空气存在的条件下，就会使混凝土失去对钢筋的保护作用，钢筋开始生锈。可见，混凝土碳化作用一般不会直接引起其性能的劣化，对于素混凝土，碳化还有提高混凝土耐久性的效果，但对于钢筋混凝土来说，碳化会使混凝土的碱度降低，同时，增加混凝土孔溶液中氢离子数量，因而会使混凝土对钢筋的保护作用减弱。

根据混凝土发生碳化后 pH 值降低的特点，采用酚酞指示剂进行区分，测量混凝土表层碳化的深度。

（2）适用范围。用于测量含有水泥成分材料的碳化程度。

（3）技术依据。

1）《混凝土碳化深度试验作业指导书》。

2）GB/T 50784《混凝土结构现场检测技术标准》。

（4）主要设备。

1）碳化深度测定仪：测量最大深度大于 6mm，分度值为 0.25mm。

2）酚酞指示剂：1%酚酞试剂。

3）锤、凿子或其他开凿工具、洗耳球等。

（5）测位选择。在待检测的混凝土结构表面，随机抽取具有代表性的 3 点（测区的 30%）进行碳化深度测试。

（6）测试步骤。

1）在混凝土结构表明开凿出直径约为 15mm、深度略大于混凝土的碳化深度的孔洞，

一般在回弹区选定。

2）除去孔洞中的粉末和碎屑，且不得用水冲洗。

3）用浓度为1‰酚酞溶液滴在孔洞内壁的边缘处。

4）当已碳化与未碳化混凝土交界线清晰时，用深度测量工具测量从已碳化与未碳化混凝土交界面到混凝土表面的垂直距离，并测量3次，每次读数精确至0.25mm。碳化深度大于或等于6mm时，皆按6mm记录。

3. 混凝土裂缝检测

（1）检测的原理。结构表面裂缝长度的检测一般是利用卷尺或游标卡尺进行测量；结构表面裂缝宽度的检测是利用精密测量仪捕获裂缝宽度的图片并读取裂缝宽度进行测量。结构表面裂缝深度的检测是通过测定超声波通过裂缝的声时和声速，利用三角函数关系，计算求得裂缝的深度进行测量，如图4-11所示。

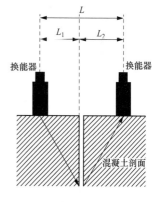

图4-11　裂缝深度检测原理图

（2）适用范围。测量混凝土或砌体表面的裂缝长度、宽度和深度。进行深度测量时裂缝最大深度小于500mm，且裂缝深度比被测混凝土构件的厚度小于100mm。受检裂缝两侧有清洁、平整且无裂缝的检测面，检测面宽度均不小于估计的缝深。被测裂缝中不应有积水或泥浆等。

（3）技术依据。

1）《混凝土裂缝宽度检测作业指导书》。

2）《混凝土裂缝深度检测作业指导书》。

3）《ZBL-F800裂缝综合测试仪操作规程》。

4）GB/T 50784《混凝土结构现场检测技术标准》。

（4）主要设备。

1）裂缝宽度测量仪：宽度测量范围为0～6mm，测量精度为0.02mm。

2）超声波裂缝深度测量仪：深度测量范围为5～500mm，测量精度为5mm或不大于10%。

3）数显游标卡尺：测量范围为0～150mm，测量精度为0.1mm。

4）卷尺：测量范围为0～5m，测量精度为1mm。

（5）测位选择。在同一条电缆通道内，随机抽取并使所选构件具有代表性单个构件或结构部位断面，进行裂缝长度、宽度、深度测量。

（6）测试步骤。

1）裂缝宽度。

a. 将摄像头测试线连接到测量仪主机。

b. 将摄像头放在待测裂缝上，摄像头将裂缝图片实时传输到仪器并显示在液晶屏上，待图像清晰后，可自动识别裂缝轮廓，进行自动实时判读，从而得到裂缝自动判读的宽度。

c. 停止捕获后仪器获得当前帧图片，可对当前图片进行手动判读处理，得到裂缝手动判读的宽度。

2）裂缝深度。

a. 在构件完好处（平整平面内，无裂缝）分别以两个换能器内边缘间距为 100、150、200、250mm 时读取声时值（见图 4-12）。计算出被测构件混凝土的声速。

b. 垂直于待测裂缝画一条测线，并在裂缝两侧对称布置测点，测点间距为 25mm；

c. 将发射、接收换能器分别耦合在裂缝两侧的对称测点上，测量测距分别为 100、150、200、250mm 的超声波在混凝土中传播声时（见图 4-13）。

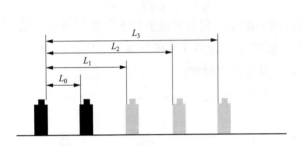

图 4-12　声速测定原理图

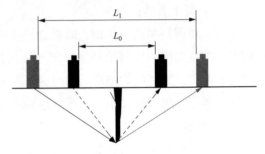

图 4-13　跨缝声时测定原理图

d. 利用三角函数计算裂缝深度。

4. 钢筋保护层厚度与钢筋间距检测

（1）检测的原理。采用基于电磁法的钢筋探测仪，仪器通过传感器向被测结构内部局域范围发射电磁场，同时接收在电磁场范围内铁磁性介质（钢筋）产生的感生磁场，并转化为电信号，经仪器内部处理后，估测出钢筋混凝土结构中钢筋的位置、深度和尺寸。

（2）适用范围。不适用于含有铁磁性物质的混凝土检测。

（3）技术依据。

1）《钢筋间距与保护层厚度检测作业指导书》。

2）《ZBL-R660 一体式钢筋检测仪操作规程》。

3）JGJ/T 152《混凝土中钢筋检测技术规程》。

（4）主要设备。

1）ZBL-R660 一体式钢筋检测仪：保护层测量范围为 $2\sim200$mm，适用的钢筋直径范围为 $\phi6\sim\phi50$。

2）卷尺：测量范围为 $0\sim5$m，测量精度为 1mm。

（5）测位选择。在同一条电缆通道内，随机抽取并使所选构件具有代表性单个构件或结构部位断面，进行保护层厚度和钢筋间距测量。

（6）测试步骤。

1）检测前，对钢筋探测仪进行预热和调零。

2）预扫描，初步扫描 X、Y 方向钢筋的大致分布。

3）二次扫描。

a. 将传感器置于钢筋所在位置正上方，并左右稍稍移动，读取仪器显示最小值即为该处保护层厚度。此时探头中心线与钢筋轴线重合，并在相应位置做好标记。

b. 重复上述步骤，将相邻的其他钢筋位置逐一标出。同一构件检测钢筋不少于 7 根钢筋（6 个间隔）时，可给出被测钢筋的最大间距、最小间距，并计算钢筋平均间距。

5. 钢筋锈蚀情况检测

（1）检测的原理。采用自然电位法检测混凝土中钢筋的锈蚀情况分为单电极法和双电极法。

1）单电极法是在混凝土表面放置一个电势恒定的参考电极（硫酸铜电极或氯化银电极），与钢筋电极构成一个电池体，然后通过测定钢筋电极和参考电极之间的相对电势差，得到钢筋电极的电位分布情况。总结电位分布和钢筋锈蚀间的统计规律，就可以通过电位测量结果来判定钢筋锈蚀情况。单电极法适用于钢筋端头外露的结构。

2）双电极法则需在混凝土表面放置一个间距恒定的双电极。将两参比电极沿钢筋混凝土结构表面移动，若两处钢筋处于相同状态则无电位差；若处于不同状态，如一处锈蚀，一处未锈蚀，则可测出电位差，并可依此判断各处钢筋是否锈蚀。双电极法适用于钢筋不外露的结构。

（2）适用范围。用于在混凝土表面检测内部钢筋锈蚀状况进行定性评价，无需对混凝土结构进行破坏，不用暴露钢筋。

（3）技术依据。

1）《钢筋锈蚀状况检测作业指导书》。

2）《钢筋锈蚀测试仪操作规程》。

3）JGJ/T 152《混凝土中钢筋检测技术规程》。

（4）主要设备。ZBL-R800 多功能钢筋检测仪锈蚀电压检测范为 $-1000 \sim +1000 \mathrm{mV}$，锈蚀电压检测精度为 0.1mV。

（5）测位选择。在同一条电缆通道内，随机抽取并使所选构件具有代表性单个构件或结构部位断面进行钢筋锈蚀测试。

（6）测试步骤。

1）在待测混凝土表面用粉笔或记号笔划分网格并标识测点位置。

2）要求待测混凝土表面平整、清洁，有绝缘涂层或粉尘杂物等清除。

3）事先进行充分浸湿，但测试时无明水的状态。

4）在待测混凝土表面以 200mm 为测点间距划分网格，每个测区最大尺寸不超过 1000mm×1000mm。

5）开始测试。

（三）砌体结构检测

1. 烧结砖抗压强度

采用回弹法检测和推定烧结普通砖砌体或烧结多孔砖砌体中砖的抗压强度。

（1）适用范围。用于检测强度范围为 6～30MPa 的烧结普通砖和烧结多孔砖。不适用于推定表面已经风化或遭受冻害、环境侵蚀的烧结普通砖砌体或烧结多孔砖砌体中砖的抗压强度检测。

回弹法检测作用在烧结砖本体上，不适用于检测覆盖抹灰砂浆层的烧结砖表面，如有抹灰砂浆层需提前去除砂浆层，露出烧结砖本体。

（2）技术依据。

1)《回弹法检测烧结砖强度作业指导书》。

2)《测砖回弹仪操作规程》。

3) GB/T 50315《砌体工程现场检测技术标准》。

（3）主要设备。

砖回弹仪：标称动能为 0.735J，指针摩擦力为 （0.5±0.1）N，弹击杆端部球面半径为（25±1.0）mm，钢砧率定值应为 74±2。

（4）测位选择。

在相同生产工艺条件下，原材料、配合比基本一致且龄期相近的同类结构视为同一批次。

同一批次结构中，随机抽取并使所选构件具有代表性结构部位断面进行测试。

（5）测区布置。

1) 在砌体结构表面用粉笔或记号笔进行标识，划分测区位置。

2) 测区数量：每个检测单元中选择 10 个测区，每个测区面积不小于 1.0m^2，每个测区选取 10 块条面向外的砖进行检测。选择检测的砖与砖墙边缘距离大于 250mm。

3) 被检测砖为外观质量合格的完整砖。砖的条面干燥、清洁、平整，没有饰面层、粉刷层，必要时可用砂轮清除表面杂物，磨平测面，去除粉尘。

4) 每块砖的条面布置 5 个回弹测点，测点避开气孔等且测点之间留有一定的间距。相邻两弹击点的间距大于 20mm，弹击点离砖边缘大于 20mm。

2. 砌筑砂浆抗压强度

采用回弹法检测并推定烧结普通砖或烧结多孔砖砌体中砌筑砂浆抗压强度。

回弹法检测作用在烧结砖的灰缝处，不适用于检测砌体表面覆盖的抹灰砂浆层，如有抹灰砂浆层需提前去除砂浆层，露出墙体本体。

（1）适用范围。不适用于推定高温、长期浸水、遭受火灾环境侵蚀等砌筑砂浆抗压强度的检测。

（2）技术依据。

1)《回弹法检测砌筑砂浆强度作业指导书》。

2)《砂浆回弹仪操作规程》。

3) GB/T 50315《砌体工程现场检测技术标准》。

（3）主要设备。

ZC5 型砂浆回弹仪：标称动能为 0.196J，指针摩擦力为 （0.5±0.1）N，弹击杆端部球面半径为（25±1.0）mm，钢砧率定值应为 74±2。

（4）测位选择。在同一条电缆通道内，随机抽取并使所选构件具有代表性结构部位断面进行测试。选在承重墙的可测面上，避开门窗洞口及预埋件附近的墙体。推荐电缆通道中选取比较薄弱的 1～2 处结构部位进行检测。

（5）测点布置。

1）砌体结构表面用粉笔或记号笔进行标识，划分测区位置。

2）每个测位的面积大于 0.3m²。

3）检查砌筑砂浆质量，水平灰缝内部的砂浆与其表面的砂浆质量基本一致。墙体水平灰缝砌筑砂浆不饱满或表面粗糙无法磨平时，不做检测。

4）粉刷层、勾缝砂浆、污物清除干净。

5）弹击点处的砂浆表面，仔细打磨平整，并除去浮灰。

6）磨掉表面砂浆的深度为 5～10mm。

7）每个测位内均匀布置 12 个弹击点。选定弹击点避开砖的边缘、气孔或松动的砂浆。相邻两弹击点的间距不小于 20mm。

3. 砌筑砂浆碳化深度

采用酚酞指示剂进行区分，测量砂浆层碳化的深度。

碳化深度测定是一种对结构实体有轻微损伤的测试方法，测定砂浆的碳化深度需要在砂浆灰缝处开凿 3～5mm 深度的孔洞。

（1）适用范围。砌筑砂浆。

（2）技术依据。

1）《混凝土碳化深度试验作业指导书》。

2）GB/T 50315《砌体工程现场检测技术标准》。

（3）主要设备。

1）碳化深度测定仪：测量最大深度大于 3mm，分度值为 0.25mm。

2）酚酞指示剂：1%～2%酚酞试剂。

3）锤、凿子或其他开凿工具、洗耳球等。

（4）测区选择。在检测的砌体结构的单个检测单元内，随机抽取并使所选构件具有代表性的 3 处砂浆灰缝进行碳化深度测试。

（四）桥架钢结构检测

1. 型钢抗拉强度

通过测定钢材表面里氏硬度值的方法换算钢材抗拉强度。

（1）适用范围。检测所在的环境和钢材温度在 10～35℃范围内。

（2）技术依据。

1）《表面硬度法检测钢材抗拉强度作业指导书》；

2）《里氏硬度计操作规程》；

3）GB/T 17394.1《金属材料里氏硬度试验　第 1 部分：试验方法》；

4）GB/T 17394.2《金属材料里氏硬度试验　第 2 部分：硬度计的检验与校准》；

5）GB/T 17394.3《金属材料里氏硬度试验　第 3 部分：标准硬度块的标定》；

6）GB/T 17394.4《金属材料里氏硬度试验　第 4 部分：硬度值换算表》；

7）GB/T 50344《建筑结构检测技术标准》。

（3）主要设备。

1）数字化里氏硬度计（配 D 型冲击头）：测量范围 HLD 为 170～960，示值误差 HLD 小于或等于±10。

2）铁刷、粗砂纸、磨石等。

（4）测区选择。在待测桥架结构中，随机抽取并使所选构件具有代表性结构部位断面作为一处检测单元进行测试。推荐在桥架跨中、岸边等位置进行检测。

（5）测区布置。在同一处检测单元选取 10 处型钢试件，每个试件测试 3～5 个测点。

2. 型钢厚度

（1）适用范围。采用超声波测厚仪或卡尺进行试验，测量钢结构钢材的厚度。

（2）技术依据。

1）《钢材厚度试验作业指导书》。

2）《超声测厚仪操作规程》。

3）GB/T 50621《钢结构现场检测技术标准》。

4）GB/T 2694《输电线路铁塔制造技术条件》。

（3）主要设备。

1）TT961 超声波测厚仪：测量范围为 0.6～500mm，测量精度为 0.01mm。

2）数显卡尺：测量范围为 0～150mm，测量精度为 0.01mm。

（4）测区选择。在待测桥架结构中，随机抽取并使所选构件具有代表性结构部位断面作为一处检测单元进行测试。推荐在桥架跨中、岸边等位置进行检测。

（5）测区布置。在同一处检测单元选取 10 处型钢试件，在每个试件的每一边上各测量 3 个测点。

（五）型钢覆层厚度

覆层测厚仪是采用磁感应原理和涡流原理检测磁性金属基体上非磁性覆盖层的厚度。

1. 适用范围

覆层测厚仪法可用于对钢材表面非磁性镀层厚度的测定。

2. 技术依据

（1）《热浸镀锌层厚度试验作业指导书》。

（2）《覆层测厚仪操作规程》。

（3）GB/T 2694《输电线路铁塔制造技术条件》。

3. 主要设备

TM2510-覆层测厚仪：最大量程为 1250m，最小分辨率为 0.1m。

4. 测区选择

在待测桥架结构中，随机抽取并使所选构件具有代表性结构部位断面作为一处检测单元进行测试。推荐在桥架跨中、河（海）岸边缘等位置进行检测。

5. 测区布置

在同一处检测单元选取 10 处型钢试件，在每个试件每一边的两个表面各测量 3 个测点。角钢试件测试 4 个表面共 12 点。

（六）通道变形检测

激光隧道断面检测仪是利用激光测距的原理测出隧道断面的点的坐标，进而绘制出断面的形状。通过与设计断面形状进行对比，检测通道断面的变形情况。

1. 适用范围

激光隧道断面检测仪可用于对电缆通道形状的检测。

2. 技术依据

（1）JGJ 8《建筑变形测量规范》。

（2）GB 50026《工程测量规范》。

（3）《激光隧道断面检测仪操作规程》。

3. 主要设备

激光隧道断面检测仪：检测半径为 0.2～60m；检测精度为 ±1mm。

（七）隧道空洞检测

隧道空洞探测主要采用地质雷达进行，地质雷达是利用高频电磁波（100～800MHz），以宽频带短脉冲的形式，在隧道内通过发射天线（T）将信号送入隧道外土体，经目的体反射后，再由接收天线接收电磁波反射信号，通过对电磁波反射信号的时频特征和振幅特征进行分析来了解目的体特征信息的方法。

1. 适用范围

地质雷达可用于对电缆通道外部一定范围内空洞的检测。

2. 技术依据

（1）DB22/T 2574《地质雷达探测测绘技术规程》。

（2）《地质雷达操作规程》。

3. 主要设备

地质雷达天线特征参数见表 4-12。

表 4-12　　　　　　　　　　　　　　地质雷达天线特征参数

天线种类	主频（MHz）	参考尺寸（m）	参考质量（kg）	探测距离（m）
屏蔽天线	100	1.25×0.78×0.20	25.5	15～30
	250	0.74×0.44×0.16	7.85	5～8
	500	0.50×0.30×0.16	5.0	3～5
	800	0.38×0.20×0.12	2.6	1～2

（八）水的腐蚀性检测

根据电缆通道中的渗漏或积水情况，对现存取水样进行水质分析，判断该处通道结构所处外部水环境的腐蚀性。

1. 适用范围

在通道内存在积水或渗漏水的部位。

2. 技术依据

(1)《水和废水监测分析方法（第四版）》❶。

(2) GB 50021《岩土工程勘查规范》。

3. 测区选择

在同一电缆通道内，随机选取一处存在积水或渗漏水比较严重或具有代表性的部位，取水样 300～500mL 装入塑料瓶中。

水对混凝土结构腐蚀性的测试项目包括 pH 值、钙离子、镁离子、氯离子、硫酸根离子、碳酸根离子、碳酸氢根离子、侵蚀性二氧化碳、游离二氧化碳、铵离子、氢氧根离子、总矿化度。

土对混凝土结构腐蚀性的测试项目包括 pH 值、钙离子、镁离子、氯离子、硫酸根离子、碳酸氢根离子、碳酸根离子的易容盐。

四、高压电缆附属设施主要缺陷

高压电缆附属设施主要包括电缆支架、电缆桥架、钢桥架、接地体、标识牌、电缆终端塔等。

1. 电缆支架、电缆桥架、钢桥架、接地体常见缺陷

(1) 松动。

(2) 部件生锈、变形、损伤。

(3) 电缆支架容易形成闭合的铁磁回路，常见于 35kV 电缆终端导致电缆头发热。

(4) 发现接地体因空气、环境等原因，出现接地体腐蚀严重。

2. 标识牌常见缺陷

(1) 锈蚀、老化、破损、缺失。

(2) 标识标牌字体模糊，内容不清。

3. 电缆终端塔常见缺陷

(1) 围墙（围栏）开裂、破损、坍塌。

(2) 终端站、T 接平台接地装置接地电阻不合格。

(3) 终端站、终端塔周围或内部植物与带电设备距离过近。

五、电缆通道及附属设施检修

（一）检修项目

按工作内容及工作涉及范围，将高压电缆通道及附属设施检修工作分为四类：

(1) A 类检修。指电缆及通道的整体解体性检查、维修、更换和试验。

(2) B 类检修。指电缆及通道局部性的检修，部件的解体检查、维修、更换和试验。

(3) C 类检修。指电缆及通道常规性检查、维护和试验。

(4) D 类检修。指电缆及通道在不停电状态下进行的带电测试、外观检查和维修。

---

❶ 国家环保总局，北京：中国环境科学出版社，2002。

其中 A、B、C 类是停电检修，D 类是不停电检修。

高压电缆通道及附属设施检修分类和检修项目见表 4-13。

表 4-13　　　　　　　　　　　高压电缆通道及附属设施检修分类和检修项目

检修分类	检修项目
A 类检修	（1）电缆整条更换。 （2）电缆附件整批更换
B 类检修	（1）主要部件更换及加装。 1）电缆少量更换。 2）电缆附件部分更换。 （2）主要部件处理。 1）更换或修复电缆线路附属设备。 2）修复电缆线路附属设施。 （3）其他部件批量更换及加装。 1）接地箱修复或更换。 2）交叉互联箱修复或更换。 3）接地电缆修复。 （4）诊断性试验
C 类检修	（1）外观检查。 （2）周期性维护。 （3）例行试验。 （4）其他需要线路停电配合的检修项目
D 类检修	（1）专业巡检。 （2）不需要停电的电缆缺陷处理。 （3）通道缺陷处理。 （4）在线监测装置、综合监控装置检查维修。 （5）带电检测。 （6）其他不需要线路停电配合的检修项目

（二）高压电缆通道检修内容

高压电缆通道检修内容见表 4-14～表 4-17。

表 4-14　　　　　　　　　　　　　　　　排　　管

缺陷	状态	检修类别	检修内容	技术要求	备注
预留管孔 淤塞不通	注意	D 类	疏通，并两头封堵	确保预留管孔通畅可用	
	异常				
	严重				
排管覆土 深度不够	注意	D 类	填埋	满足 Q/GDW 1512《电力电缆及通道运维规程》及 GB 50168《电缆线路施工及验收标准》、GB 50217《电力工程电缆设计标准》、DL/T 5221《城市电力电缆线路设计技术规定》相关要求	
	异常	D 类	因标高问题无法满足深度要求的，视情况选择合适的加固措施进行通道加固		
	严重	A 类	加固后仍无法满足电缆运行要求的，更换通道形式后进行迁改		

缺陷	状态	检修类别	检修内容	技术要求	备注
保护板破损、缺失	注意			满足 Q/GDW 1512 及 GB 50168、GB 50217、DL/T 5221 相关要求	
	异常				
	严重	D 类	更换		
排管包封破损、开裂	注意	D 类	加固或修复		
	异常	D 类			
	严重	A 类	拆除破损排管包封重新建设或另选路径重新建设		

表 4-15   电 缆 沟

缺陷	状态	检修类别	检修内容	技术要求	备注
电缆沟盖板不平整、破损、缺失	注意、异常、严重	D 类	修补或更换	盖板不存在不平整、破损、缺失情况	
电缆沟结构破损、开裂、坍塌	注意、异常、严重	D 类	修复	电缆沟结构不存在破损、开裂、坍塌等情况	必要时线路配合停电，但对沟内电缆做好保护措施
地基沉降、坍塌或水平位移	注意	D 类	加固并持续观察，阶段性测量、拍照比对	无明显变化	
	异常	D 类	拆除故障段电缆沟，对地基进行加固处理后在故障位置重建	满足 Q/GDW 1512 及 GB 50168、GB 50217、DL/T 5221 相关要求	必要时线路配合停电，但对沟内电缆做好保护措施
	严重	A 类	拆除故障段电缆沟重新建设或另选路径重新建设，线路迁改		

表 4-16   电 缆 隧 道

缺陷	状态	检修类别	检修内容	技术要求	备注
隧道本体有裂缝	注意、异常、严重	D 类	修复，并做好防水堵漏处理。缩短巡视周期，加强观察	隧道体完好	
隧道通风亭破损	注意、异常、严重	D 类	修复	隧道通风亭完好	
隧道爬梯锈蚀、破损、部件缺失	注意、异常、严重	D 类	进行除锈防腐处理、更换或加装	隧道爬梯完好，无锈蚀、破损、部件缺失等情况	

表 4-17 桥　　架

缺陷	状态	检修类别	检修内容	技术要求	备注
桥架基础沉降、倾斜、坍塌	注意	D 类	缩短巡视周期，加强巡视，阶段性测量拍照比对	无明显变化	
	异常	D 类	对基础进行加固处理跟踪观察一段时间，确认是否还有沉降、倾斜现象	无明显变化	
	严重	A 类	选择其他通道重新建设，线路迁改	满足 Q/GDW 1512 及 GB 50168、GB 50217、DL/T 5221 相关要求	
桥架基础覆土流失	注意	D 类	夯土回填	满足 Q/GDW 1512 及 GB 50168、GB 50217、DL/T 5221 相关要求	
	异常	D 类	加固并夯土回填		
	严重				
桥架主材锈蚀、破损、部件缺失	注意、异常	D 类	带电进行除锈防腐处理、更换或加装	满足 Q/GDW 1512 及 GB 50168、GB 50217、DL/T 5221 相关要求	
	严重	A 类	选择其他通道重新建设，线路迁改		
桥架遮阳设施损坏	注意	D 类	修复	满足 Q/GDW 1512 及 GB 50168、GB 50217、DL/T 5221 相关要求	
	异常				
	严重				
桥架倾斜	注意	D 类	（1）加固。（2）缩短巡视周期，加强巡视，阶段性拍照比对，是否有恶化趋势	满足 Q/GDW 1512 及 GB 50168、GB 50217、DL/T 5221 相关要求	
	异常、严重	A 类	选择其他通道重新建设，线路迁改		
桥梁本体倾斜、断裂、坍塌或拆除	注意				
	异常	D 类	（1）与桥梁保养单位保持密切联系，督促其积极进行维修。（2）缩短巡视周期，重点检查桥墩两侧和伸缩缝处的电缆伸缩节	（1）桥梁及时得到维修，保持安全稳定。（2）桥墩两侧和伸缩缝处的电缆伸缩节无明显变化	
	严重	A 类	选择其他通道重新建设，线路迁改	满足 Q/GDW 1512 及 GB 50168、GB 50217、DL/T 5221 相关要求	

（三）电缆附属设施检修内容

电缆附属设施检修内容见表 4-18～表 4-20。

表 4-18 电　缆　支　架

缺陷	状态	检修类别	检修内容	技术要求	备注
金属支架锈蚀、破损、部件缺陷	注意、异常、严重	D 类	带电进行除锈防腐处理、更换或加装	金属支架无锈蚀、破损、部件缺失等情况	

缺陷	状态	检修类别	检修内容	技术要求	备注
金属支架接地不良	注意、异常、严重	C类	（1）金属支架接地装置除锈防腐处理、更换或加装。 （2）接地极增设接地桩	金属支架接地良好	
复合材料支架老化	注意、异常、严重	D类	（1）更换。 （2）检查同批次、相近批次的复合材料支架，检查是否同样存在老化情况	复合材料支架应无老化情况	
支架固定装置松动、脱落	注意、异常、严重	D类	修复	支架固定装置安装牢固	指膨胀螺栓、预埋铁或自承式支架构件

表 4-19 标 识 标 牌

缺陷	状态	检修类别	检修内容	技术要求	备注
标识标牌锈蚀、老化、破损、缺失	注意	D类	除锈防腐处理、更换或加装	标识标牌无锈蚀、破损、缺失等情况	
	异常	—	—		
	严重	—	—		
标识标牌字体模糊，内容不清	注意	D类	更换	标识标牌字迹清晰	
	异常	—	—		
	严重	—	—		

表 4-20 电缆终端站、终端塔(杆、T接平台)

缺陷	状态	检修类别	检修内容	技术要求	备注
围墙（围栏）开裂、破损、坍塌	注意、异常、严重	D类	修复	满足 Q/GDW 1512 及 GB 50168、GB 50217、DL/T 5221 相关要求	必要时设备停电配合
终端站、T接平台接地装置接地电阻不合格	注意	—	—		
	异常	—	—		
	严重	C类	（1）增设接地桩，必要时进行开挖检查。 （2）修复		
终端站、终端塔周围或内部植物与带电设备距离过近	注意、异常、严重	D类	修剪	确保终端站周围或终端站内植物与带电设备保持足够的安全距离	

<h1>第五章</h1>

<h1>高压电缆新技术应用</h1>

电力电缆具有受外界环境影响小、占地面积少和供电可靠性高等优点，在电网特别是城市电网中的应用比例越来越高。然而，电力电缆供电可靠性与电缆本体绝缘、中间接头和终端等附件的制作工艺、运行环境及服役年限等因素息息相关，其中电缆本体及附件安装质量缺陷是导致高压电缆故障的主要原因。因此，在电力电缆线路常规检测手段的基础上，开展新技术的研究与应用具有重要意义。

<h2>第一节 涡流探伤技术</h2>

<h3>一、面临问题</h3>

封铅作为高压电缆和部分单芯配电电缆附件现场安装的关键工艺之一，其安装质量是否到位直接影响高压电缆的安全稳定运行。电缆封铅是电缆施工中的一个重要工艺，与电力电缆长期安全运行密切相关，做好电缆封铅工艺，关键在于温度控制和封铅方法，温度控制适中，不易伤及电缆绝缘且封铅成功率高，封铅方法正确，则封铅实物边缘平滑过渡且密封性良好。电缆封铅工艺是一个附加并得到广泛应用的工艺过程，它对金属护套各种终端头、中间接头连接有着极其重要的密封防水作用，并可使电缆金属护层与其他电气设备连接成良好的接地系统。封铅工艺的好坏，直接关系到电力电缆的使用寿命和运行的安全可靠性。若封铅工艺未能达到标准要求，运行过程中将会直接导致潮气进入，从而使电力电缆绝缘性能降低甚至绝缘击穿。

<h3>二、技术要求</h3>

封铅通过用火焰熔化铅条将加热尾管的金属部件和电缆的金属护套进行密封连接起来，工艺过程是将铅条加热到半流体状态，通过人工的方法形成完整的金属密封结构。由于封铅期间电缆绝缘不能被烧损，要求所使用的焊料熔化温度不能太高，时间不能过长。铅锡合金是一种比较理想的焊料，纯铅的熔点是327℃，纯锡的熔点是232℃。65％铅和35％锡制成的合金熔点可以达到180~250℃，当它达到半固体状态时，有相对宽广的操作温度范围，特别适用于封铅工艺。

在电缆皱纹铝护套和电缆绝缘之间有两层半导电阻水带层，阻水带层和皱纹铝护套之间的间隙充满空气。在封铅过程中，皱纹铝护套上需要首先打底，该打底焊条是一种锡、银、铅合金，用火焰将铝护套加热到一定温度，一般是看铝表面发生色泽变化即可，然后将打底焊条涂抹在铝护套上，再用高温火焰将铅锡合金加热到半流体状态，通过采用触铅法或浇铅法将熔融铅锡合金糊在皱纹铝护套有底图层位置，并用抹布揉搓均匀（使用过程中最好在抹布上涂上白蜡或硬脂酸），从而形成完整的金属密封结构并为电力电缆环流提供流通通道。

针对电力电缆铅封附件，DL/T 342《额定电压 66kV～220kV 交联聚乙烯绝缘电力电缆接头安装规程》、DL/T 343《额定电压 66kV～220kV 交联聚乙烯绝缘电力电缆 GIS 终端安装规程》和 DL/T 344《额定电压 66kV～220kV 交联聚乙烯绝缘电力电缆户外终端安装规程》等要求如下：

（1）封铅应与电缆金属套和电缆附件的金属套管紧密连接，封铅致密性良好，不应有杂质和气泡，且厚度不小于 12mm。

（2）封铅时不应损伤电缆绝缘，掌握好加热温度，封铅操作时间尽量缩短。

（3）圆周方向的封铅厚度均匀，外形光滑、对称。

需要说明的是，基建阶段封铅工艺需要日积月累地练习和丰富的操作经验，封铅时外部环境条件、喷枪火焰大小、封铅时间长短、铅锡合金配比、工作过程站姿站位等因素都会影响封铅工艺，进而导致在电力电缆未投入使用前封铅内部已可能存在沙眼、裂纹、积结或空穴等隐患或缺陷；运行阶段，由于电力电缆终端长年累月暴露在风吹雨淋的环境中，架空线舞动过程中产生的能量均会通过连接线传递到电缆终端及附件，且电缆在运行过程中还存在蠕动等情况，舞动和蠕动等能量均会造成封铅部位反复承受外力，久而久之造成电力电缆封铅部位受损或断裂。国内外电网数起重大事故均由电缆封铅缺陷或封铅直接断裂导致，从而造成电缆故障停运导致了巨大的经济损失和严重的社会影响。

三、涡流探伤检测技术原理

涡流探伤检测技术运用电磁感应原理，在铅封附件附近放置检测探头。探头上发出交变的磁场与导体材料作用，在铅封导体材料中将产生感应涡流信号，该涡流信号会直接反作用于检测探头，并进而影响检测探头上电流的幅值和相位。通过对该电流或检测探头自身阻抗的检测，可获取铅封表面开裂、沙眼、气泡或铅封厚度不足等状态信息。电缆涡流探伤检测示意图如图 5-1 所示。

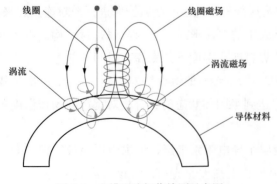

测试前，首先对铅封附件表面污渍和潮气进行处理，将测试模块下端测试线圈直接贴敷在铅封附件的不同部位，然后通过集中检测平台启动仪器并逐渐调整输入电流大小和频率，并根据检测情况实时调整图像显示效果，待数据稳定后记录若干关键部位数值，后期可由专业人员进行深入分析，从而得出最终结论。

图 5-1 电缆涡流探伤检测示意图

第二节　智能接地箱技术

一、项目背景

随着城市的快速发展，电力电缆已经成为城市电力网架的重要组成部分。受诸多因素限制，国内还没形成有效的电缆运行状态监测体系，主要表现在以下几个方面：

（1）人工巡检，投入成本高，数据不完整，实时性低，缺乏实用性。

（2）缺少运行参数支持，调度部门根据载流量经验值控制线路负荷。

（3）电缆故障频发，造成损失。据不完全统计，电缆故障约70%为接头故障，主要表现为接头附件本体质量问题、安装缺陷和环境影响等。在极端天气大负荷运行时，局部反复发热，使附件加速热老化并导致绝缘性能快速下降，在一定条件下诱发击穿故障。

（4）电缆接地系统受电缆外护套破损或者防水等因素影响。

（5）为提高运行的安全性，不断增加电缆尺寸，导致生产成本大幅上升。电缆运行状态监测技术是对传统电缆（及附件）的安装基础上进行智能化改造，结合接地系统监测技术，通过先进的传感、测量、通信技术以及决策分析支持系统的综合应用，在运行状态下对电缆运行信息进行实时监测上传和分析，并通过量化数据向调度、检修部门提供评估决策依据，实现电网安全管理、可靠运行和量化管理的整体目标。

二、基本功能

1. 护层感应环流、电压监测功能

智能接地箱内装高精度电流互感器及接地环流采集模块，实时监测高压电缆的每个金属护层接地点的电流参数，可实现对接地环流精确测量及定时巡检测量。采用高压隔离式感应电压采集模块监测护层感应电压，取代传统人工方式的定期接地环流巡测，提高了系统维护效率。

护层感应环流、电压监测用于护层接地环流的缓变数值监测，反映电缆护层接地的良好程度和电缆负荷大小变化等情况。与此同时，高压电缆线路正常运行的情况下，当接地环流值产生突变减小或为零时，结合调度情况及电缆运行状态分析，有效判断接地箱被盗或接地线被盗割等情况。

2. 防盗报警功能

智能接地箱具备开门报警、超限接地环流报警、超限电压报警功能。如果箱门被非法打开，接地箱内就会发出警报声并发出报警信息，监控系统就会即刻显示报警信息。

3. 运行环境监测功能

实时监测接地箱温度、湿度、水位和烟雾等信息，当接地箱周围环境发生异常时，监测平台可以实现实时报警并通知提前设定的负责人员。当接地箱箱门无故被打开发出报警信息时，接地箱内的主机设备自动启动监控系统，拍摄当时的场景，并将相关图像保存在监控摄像头中，必要时可回传至监控平台。

三、智能接地箱技术指标

1. 通用性能指标

通用性能指标主要包括上行通信方式、下行通信频率、输入工作电压范围、工作电流、

防雷保护等级、静态功耗电流、电磁兼容性、支持传感器接口、平均无故障工作时间、工作环境、防水性能、防尘等级等参数。

2. 护层环流传感器

护层环流传感器的主要技术指标包括电流采样范围、电压采样范围、分辨率、线性误差、额定频率、电流变比、一次额定电流、二次额定电流、防护等级、准确等级、瞬态过载锁定反应时间、额定二次负载等参数。

3. 非闭合互感电源

非闭合互感电源的主要技术指标包括额定工作频率、额定电压范围（一次侧）、额定工作电流（一次侧）、额定持续耐受电流、额定短时耐受电流、额定峰值耐受电流、互感器温升（室温 25℃ 条件下）、控制器温升（室温 25℃ 条件下）、互感器工频耐压、输出功率、平均无故障工作时间、外壳防护等级、TA 电流环内径、工作温度、运行环境条件等参数。

4. 其他技术指标

其他技术指标主要包括工作电源、预警输出、温度检测范围、工作频段、最大发射功率、语音业务支持、编码方式、内嵌 TCP/IP（传输控制协议/互联网协议）协议等。

四、智能接地箱应用案例

智能防盗型直接接地箱（直立式）、智能防盗型保护接地箱（直立式）和智能防盗型交叉互联接地箱（直立式）应用情况分别如图 5-2～图 5-4 所示。

图 5-2　智能防盗型　　　　图 5-3　智能防盗型　　　　图 5-4　智能防盗型交叉
直接接地箱（直立式）　　保护接地箱（直立式）　　互联接地箱（直立式）

第三节　光纤振动防外破技术

一、面临问题

随着城市建设步伐的不断加快，供电需求不断增加，高压电缆的密度及长度越来越大。城市建设、道路施工对电缆安全运行带来威胁。传统的人工定期巡查无法应对当前面临的风险。采用光纤振动防外破系统，全天候对电缆附近振动事件进行监测，对异常振动信号进行智能判别，对可能造成电缆故障的事件提前预警，从而确保高压电缆及通道安全稳定运行。

二、技术原理

光纤在外力或外界振动的作用下，内部各点会产生静态或动态的位移、应力及应变，从而导致光纤纤芯、包层折射率及形状发生改变。光纤形状及纤芯、包层相对介电常数（折射率）的变化，可导致光纤中传播的光波的相位、偏振态发生变化。通过测量载波的相位或偏振态变化，可以还原出作用在光纤上的外力的大小及外界振动幅度、频率。

光纤振动防外破的实现方法主要有基于光干涉传感技术、基于光学后向散射技术、基于光学耦合探测技术和基于光学非线性参量探测技术，各种方法的优缺点见表5-1所示。

表 5-1　　　　　　　　　光纤振动防外破 4 种实现方法的优缺点比较

基本原理	介绍	优点	缺点
光干涉传感技术	将光束相位的变化转化为光束强度的变化	灵敏度高	易受温度影响，响应速度慢
光学后向散射技术	光的反射	结构简单	灵敏度低、空间分辨率低
光学耦合探测技术	采用特殊的高双折射光纤，振动时，前向传输光的两个本征模式会耦合	结构简单	系统复杂
光学非线性参量探测技术	在传感光纤内部，信号光与待测光逆向传播，两束光相遇时会发生非线性效应，产生散射光	动态范围大	易受温度影响，系统精度低

三、监测系统组成

光纤振动防外破系统主要由防区连接单元、传感光缆、报警单元和监控主机组成，必要时可选择视频联动模式。光纤振动防外破系统架构如图5-5所示。

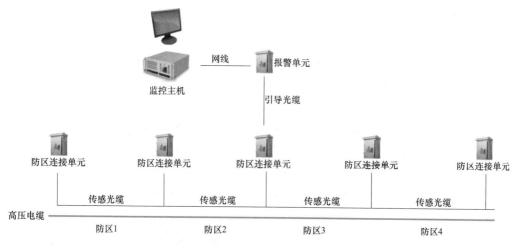

图 5-5　光纤振动防外破系统架构图

其中，防区连接单元用在振动/振动光缆防区连接点位置，主要是将报警单元光源发出的光，经过振动光缆在防区单元处形成一个闭合回路，也用于保护振动光缆末端接口和光学耦合器件。

报警单元由光纤信号采集处理模块、数据通信模块、显示模块、电源模块、光电转换模块、激光发射模块、激光接收模块组成，是整个光纤振动系统的核心部件，负责信号的收发、处理及传输功能。

四、监测系统优点

（1）测量距离远。探测距离可与电缆长度配合，理论上可以无限扩展监测长度。

（2）探测精度高。能够实现分区分段监测，从而实现精准定位。

（3）适应能力强。直接使用标准通信光缆，无需特制光缆，能够适应高温、风雨、雷电等恶劣环境。

（4）识别准确度高。能够精准识别钻探、开挖和打桩等多种典型外破事件。

第四节 内置式电缆接头导体测温技术

一、基本原理

通过采用无线能量传输技术和射频通信技术同步工作原理，解决内置式测温传感器的电能供应和信号传输的难题，实现直接测量电缆接头导体运行温度，具有测温精度高、实时性强的优点，并对电缆动态增容和安全管理提供数据支持。

内置式电缆接头导体测温技术主要包括内置测温模块和外置测温中继等两部分内容。其中，外置测温中继通过电磁耦合方式将能量和信号传递到电缆接头导体部位的内置测温模块，内置测温模块获得电能的同时将温度数据以无线电磁波的方式发送至外置测温中继，实现电缆导体温度精准测量，不改变电缆接头物理结构和电气特性，具有安全免维护、安装方便等优点。内置式电缆接头导体测温技术基本原理图和系统整体示意图分别如图 5-6 和图 5-7 所示。

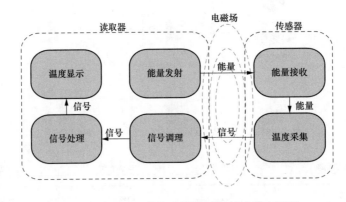

图 5-6 内置式电缆接头导体测温技术基本原理

二、功能介绍

（1）实现电缆导体运行温度的实时监测，解决了传统人工定期检修等难题，实现了电缆设备的智能巡检。

（2）可以通过采用内置式电缆接头导体测温技术采集诸多数据进行比较和深入分析，及时发现电缆潜在的缺陷隐患，避免电缆线路故障发生。

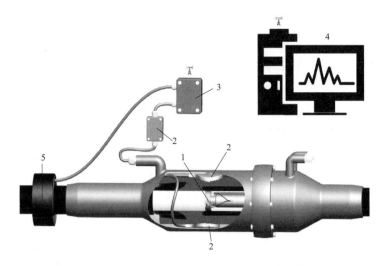

图 5-7　内置式电缆接头导体测温技术系统整体示意

1—内置测温模块；2—外置测温中继；3—电缆运行状态监测箱；

4—电缆运行状态监测应用终端；5—非闭合互感电源

（3）通过对电缆接头导体温度的实时监测，可以对线路最大载流量控制提供决策数据，从而深入挖掘电缆线路的输送潜力。

（4）对于故障或负荷转供需要短时过载运行的极端情况，通过温度监测和模型计算，可以获得线路超载运行的安全时间，实现电缆线路的动态增容。

第五节　主绝缘耐压同时进行分布式局部放电测试技术

一、面临问题

近年来随着我国电网的不断升级改造，交联聚乙烯（XLPE）电力电缆已成为电力电缆的主流产品被广泛运用，其中高压、超高压 XLPE 电缆系统已经在城市电网中占据非常重要的地位。通过技术引进和消化吸收，我国的 XLPE 电缆及其附件的制造和工厂检测技术日趋完善。高压和超高压 XLPE 电缆生产过程的超净工艺、三层共挤、自动硫化、杂质测量等技术；附件生产的预制技术；以及低背景噪声的全屏蔽局部放电测量技术的应用，使得电缆和附件的质量得到极大程度的提高。但是电缆附件在现场的安装质量无法得到有效监测和控制，这个环节往往是形成电缆系统故障的原因。现场竣工验收试验的主要目的是为了发现电缆在运输过程中可能造成的损坏、电缆接头在现场制作过程中可能存在的缺陷。

但通过耐压试验后投运的电缆仍然存在事故的个案，耐压试验的同时进行分布式局部放电测量可以发现电缆附件中可能存在的微小的局部放电缺陷。这些微小的缺陷不能被耐压试验所发现，电缆运行后，这些缺陷会不断发展，最后造成电缆事故，危害电网安全。因此，在进行耐压试验的同时进行电缆的分布式局部放电测量，准确地测量 XLPE 绝缘电力电缆及其附件中存在的局部放电量，是当前判断该电缆系统施工质量和绝缘品质的最直观、最理想、最有效的试验方法。通过耐压加分布式局部放电测量，可以达到以下目标：

（1）有效发现高压电缆附件中存在的微小的局部放电缺陷。

（2）避免将存在微小缺陷的高压电缆接入电力网。

（3）保证所有投入运行的电缆回路都是绝对健康的，提高电缆的使用寿命。

（4）有效减少高压电缆的运行故障。

二、局部放电的产生及危害

XLPE 电缆的绝缘材料为固态塑料结构。在制造过程中如混入金属杂质、出现气孔空洞，或由于内、外半导体层不规则突起引起高压场强的不均匀，或绝缘中存在的电树等，在这些部位都有可能出现局部放电。随着电缆制造技术的发展和质量控制水平不断提高，由上述原因产生的局部放电在现场测试中已经微乎其微。交联聚乙烯电缆中检测出的局部放电点一般都出现在中间接头和终端头上。

局部放电的能量很小，通常不影响电缆短期的绝缘强度。但是长期存在着局部放电，即可以缓慢损坏绝缘，日积月累，最终导致绝缘击穿。此外受化学性质决定，交联聚乙烯绝缘的电缆耐局部放电的性能较差，长时间的局部放电会加速其绝缘劣化，最终使其发生故障。

三、分布式局部放电测试的测试原理

一旦被试电缆发生局部放电，就会形成高频的脉冲电流波形，脉冲电流波形达到纳秒级别，其频谱高达百兆以上，脉冲电流的幅值大小、发生的频度反映电缆内部局部放电的严重程度。利用局部放电监测系统在耐压过程可严密监视局部放电信号随电压和时间变化的趋势，从而掌握电缆缺陷严重程度的变化。考虑高压电缆中局部放电信号随传播距离而衰减及高压电缆附件中的局部放电量相对较小等特点，因此针对高压电缆及附件的现场局部放电检测只能在缺陷点附近测量，即分布式局部放电测量。高压电缆耐压试验接线及分布式局部放电测试接线图分别如图 5-8 和图 5-9 所示。

四、分布式局部放电测试的诊断判据

（1）通过大量的试验室模拟和现场测试结果显示，局部放电信号的相位与试验电源的相位具有 180°或 360°的相位特征，同时发生在一定宽度的相位上。

（2）在测试中若发现存在多种信号源，需运用带通滤波器分别提取不同频带的脉冲信号进行单独分析。

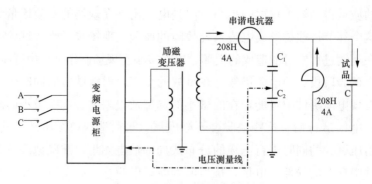

图 5-8　高压电缆耐压试验接线

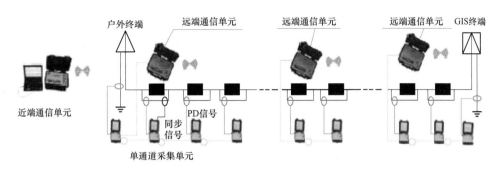

图 5-9　高压电缆分布式局部放电测试接线

（3）局部放电传感器采集到的高频脉冲信号的波形和频谱是否具有典型局部放电特征（脉冲波形上升沿一般为几十纳秒）。

（4）必要时，将实际测试局部放电波形与利用模拟局部放电源对测试回路进行校准时的波形进行反复类比，观察其信号的相似性。

（5）极性判别法：运用脉冲波形的极性鉴别局部放电源的具体相别或位置。

五、分布式局部放电测试的难点

1. 测试系统灵敏度要求高

高压电缆发生局部放电时产生的脉冲信号微弱，要求传感器及测试系统有较高的检出灵敏度。

2. 现场干扰因素复杂

在现场实施电缆耐压同时进行局部放电试验时，干扰信号会严重影响电缆局部放电的检测和诊断。这些干扰信号主要有临近试验现场的运行设备产生的电晕或者局部放电信号、交流耐压试验装置自身的局部放电信号、交流耐压试验回路的引线产生的电晕信号等。因此，甄别并排除干扰信号、提取有效的局部放电信息并根据其特征诊断电缆的绝缘状态具有一定难度。

3. 对测试人员的要求高

高压电缆局部放电的信号主要集中在 0～30MHz 范围内，信号频带较宽，加上现场存在一定的干扰信号，测试人员需要通过信号抑制、识别、分类、提取和判断等技术手段，准确实现高压电缆的状态诊断。因此，电力电缆的局部放电测试要求测试人员有较为扎实的知识储备和丰富的现场测试经验。

4. 国家标准及行业标准没有明确的指引

目前，高压电缆分布式局部放电测试是国内较新的技术应用课题，现阶段国家标准及行业标准并没有针对这方面的具体测试和评判标准，仍有大量工作需要深入开展。

第六节　电缆终端局部放电在线监测技术及应用

电缆带电局部放电检测已成为电缆运检部门对电缆绝缘状况进行诊断的常规手段。由于局部放电信号受到背景噪声的影响，存在时有时无的特点，现场局部放电普查时间有限，无法保证有效地捕获到局部放电信号，对疑似放电信号难以给出准确的结论。为完善局部放电带电检测和数据分析诊断能力，同时本着局部放电检测过程中遇到疑似信号必须确认的原则，开展高压电缆终端局部放电在线监测技术研究很有必要。

根据电缆线路局部放电信号的物理特征，将局部放电检测技术和无线互联网技术有效的结合，推出电缆终端的局部放电缺陷诊断平台，实现对电缆终端进行远程测量与缺陷诊断；利用太阳能结合蓄电池的供电方式，结合灵活的电源管理技术，实现对电缆终端长时间的阶段性局部放电监测，有效解决现场干扰严重的问题，大幅度提升电缆终端内部缺陷的检出率。上述针对电缆终端的在线局部放电监测的技术研究在国内外尚属首例。电缆终端局部放电在线监测系统在运行线路终端上安装使用，发现多个局部放电缺陷，并得到解剖认证，效果十分明显。

电缆终端局部放电在线监测技术的研究和系统研制，大幅度地提升了电缆终端内部缺陷的检出率，有效地解决了疑似放电信号难以下结论的问题。以平台方式进行异地远程测量，远程诊断，实现了对高压电缆终端运行状态的监测与评估，从而指导了生产单位的运行维护检修工作，为电网的安全可靠运行提供了保障，具有很强的推广价值。

一、系统监测方法

高压电缆终端局部放电在线监测系统将高频传感器安装到每个终端接头的接地线上，通过同轴线将 3 个高频传感器与三通道局部放电采集箱连接；利用 5G 无线网将所有采集器的局部放电信号传输到集控中心监控主机上，通过局部放电缺陷诊断平台，实现在监控计算机上对电缆局部放电的实时监测。

四组电缆终端局部放电在线监测系统连接如图 5-10 所示。

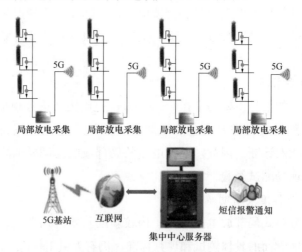

图 5-10　四组电缆终端局部放电监测系统连接

二、系统设备组成

终端监测系统由现场终端监测单元和集控设备两部分组成。现场监测单元的数量根据需要监测的终端组数量决定，每组终端（3 个接头）需要 1 个现场终端监测箱、1 组太阳能电池板、1 个铅酸蓄电池。集控设备属于集成用设备，1 套集控设备可以带多个监测单元。

1. 高频信号传感器

采用感性传感器在终端接地线上取信号。高频信号传感器及现场安装如图 5-11 所示。

(a)　　　　　　　　　　　(b)

图 5-11　高频信号传感器和现场安装照片

(a) 传感器；(b) 照片

2. 高压电缆终端局部放电监测箱

高压电缆终端局部放电监测箱及现场安装照片如图 5-12 所示。

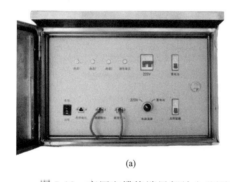

(a)　　　　　　　　　　　(b)

图 5-12　高压电缆终端局部放电监测箱及现场安装照片

(a) 监测箱；(b) 照片

3. 太阳能电池板＋铅酸蓄电池

使用太阳能＋蓄电池的方式进行设备供电，现场安装如图 5-13 所示。

图 5-13　太阳能电池板和铅酸蓄电池现场安装照片

图 5-14　局部放电监测主机机柜

4. 局部放电监测主机及软件

局部放电监测主机安装在集控中心。系统具有远程控制和测量功能，操作人员可以对终端的每个接头实现远程实测。远程调整每个测点的中心频率、带宽、背景水平等参数，与现场测量完全一致。可以完全避免局部放电检测人员现场测量局部放电存在的安全风险。

（1）局部放电监测主机机柜。监测主机机柜由服务器、显示器、中心路由器、短信发送单元等组成，局部放电监测主机柜如图 5-14 所示。

（2）测量软件。测量软件具有强大的数据测量、数据统计、参数设置、谱图展示等功能。测量软件界面如图 5-15 所示。

（3）平台软件。平台软件的核心作用是保存历史数据和放电报警。平台软件界面如图 5-16 所示。

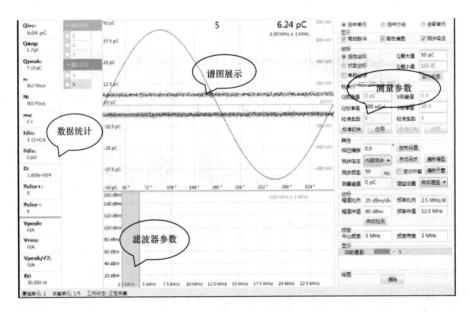

图 5-15　测量软件界面

三、核心技术

电缆终端局部放电在线监测技术研究及系统应用在现场电缆终端局部放电模拟测试、特征量提取、选频抗干扰技术以及 5G 无线网络局部放电监测图谱大数据的远程传输技术方面达到国际领先水平。国内首次使用商用 5G 无线的方式实现局部放电信号实时测量和谱图传输；首次使用间歇式测量方式控制局部放电系统，实现流量控制和能耗控制；本系统具有先进的产品形态，模块化设计，可以实现分布式局部放电系统跨地域、灵活布置，并可多次重复使用，提高资产利用率；系统适用性强，可在各种野外环境使用；系统扩展性好，可任意扩展局部放电监测单元，理论上没有容量限制。

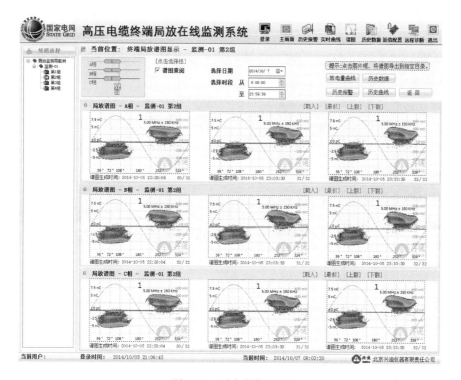

图 5-16 平台软件界面

1. 远程无线实时局部放电信号测量

基于商用 5G 无线通信，组建了一个稳定、安全、流畅的 VPN 网络，在这个无线网络中实现远程实时监测局部放电信号，解决了无线局部放电检测的难题。延伸了测试人员的操作空间，使局部放电测试人员不需要到达现场，就能实施局部放电测量，提供了方便的同时，又保证了人员安全。

2. 间歇式采集和数据传输

通过远程供电管理控制，使整套系统可以自动间歇工作，降低了能源的消耗。使监测系统摆脱了供电限制，满足野外无 220V 电源的情况下进行高压电缆终端局部放电监测的需要。系统还采用了间歇式数据传输，并针对局部放电测量数据的特点对局部放电数据进行压缩处理，压缩后的数据不影响局部放电谱图特征识别，使局部放电测试数据在有限的 5G 带宽下达到实时测量的效果。

3. 模块化设计

系统分成了电源控制模块、局部放电采集模块、信号传输模块。每一模块都具有独立功能，具有一致的连接接口和标准输入、输出接口的单元，可以灵活更换。

4. 高精度

系统采用最新的数字技术和先进的软件设计。使用高级数字处理算法的高速、高分辨率的 A/D 转换器保证了极高的精度。

5. 优化测量

多种抗干扰手段，优化现场测量。

6. FPGA 高速处理

在国内首次使用 FPGA 作为局部放电检测的主处理器，充分利用了 FPGA 的编程灵活性、高速处理能力、可靠性。

7. 局部放电底层算法

系统具有大量的局部放电监测单元，通过局部放电的底层运算，大大减轻了上位机的运算负荷。通过底层算法，真正实现了局部放电监测的分布式信号采集、处理、测量，大大提升系统的可靠性。

8. 远程监测与实时测量完美结合

远程监测平台，不仅显示局部放电的实时测量数据、历史曲线等常规监测项目，还可以显示放电图谱，为局部放电分析提供依据，同时，远程平台还可以运行实时检测软件，对所有检测点进行实时诊断。

第七节　电缆沟防火封堵材料

一、防火封堵材料及说明

（1）防火封堵材料应符合 GB 23864《防火封堵材料》的要求，通过中国消防产品质量认证检查和检验，符合消防产品型式认可要求，准许使用消防标志，获得产品型式认可证书。

（2）根据 GB 50229《火力发电厂与变电站设计防火规范》要求，在电缆隧道或电缆沟中的下列部位，应设置防火墙：

1）单机容量为 100MW 级以上的发电厂，对应于厂用母线分段处。

2）单机容量为 100MW 以下的发电厂，对应于全厂一半容量的厂用配电装置划分处。

3）公用主隧道或沟内引接的分支处。

4）电缆沟内每间距 100m 处。

5）通向建筑物的入口处。

6）厂区围墙处。

7）220kV 及以上变电站，当电力电缆与控制电缆或通信电缆敷设在同一电缆沟或电缆隧道内，宜采用防火槽盒或防火隔板进行分隔。

（3）防火封堵材料具有不低于 30 年的防火长效性，与被贯穿物或贯穿物的使用年限相当，可减少更换次数并且具有长期稳定的耐火性能，并具有材料长期性能测试报告。

（4）防火封堵材料不含易造成电缆等设备腐蚀的卤素等成分，并且不含石棉等对环境及人体造成危害的成分。

（5）应用于室外电缆沟的情况，防火封堵材料可提供防水解决方案，具有水密、气密报告。

（6）封堵材料具有不小于 3 倍的热膨胀性能，以保证复杂工况防火封堵层的有效防火性能。

（7）封堵材料施工后应能适应不同环境温度、不同区域的极端温度条件，施工后的适用温度应达-15～+70℃。

（8）封堵材料施工后具有良好的烟密性和气密性，以隔绝有毒烟气的渗透和扩散。

（9）防火封堵材料正常使用时，在建筑的振动、热应力、荷载等作用下，不发生脱落、移位、开裂等现象；发生火灾时，在火灾中的不均匀变化热应力和热风压作用下，不发生脱落、移位、碎裂、崩塌等现象。

（10）封堵材料具备便于电缆二次穿越的功能，方便后续扩容及更换电缆等工作。

（11）由于室外电缆沟长期暴露在外，封堵材料具有防水防潮且良好稳定性。

（12）防火封堵材料具有国外权威认证测试报告。

（13）封堵材料应具备膨胀倍率不小于 5‰ 的显著的热膨胀性能，在发生火灾时防火堵料快速膨胀，及时堵住穿越物燃烧后引起的孔洞，避免火焰及烟气蔓延到另一侧。

（14）防火涂料应满足 GB 28374《电缆防火涂料》的性能要求。防火涂料的干厚度应达到 0.5～1mm，现场电缆涂防火涂料部分，无电缆裸露现象，并有一定的绕曲抗弯性，5 年内防火涂料不会发生粉化开裂、脱落现象。

（15）防火封堵材料满足抗水冲击要求，保证在高压水冲击时不透水，不坍塌，并提供依据 UL 1479《贯穿件防火封堵试验方法》或同等国际标准下的抗水冲击性能测试报告。

（16）在电缆中间接头部位，设置电缆中间接头保护盒，保证接头部位爆炸时，能够抵抗爆炸引起的破坏，并在由于爆炸引燃的条件下发生膨胀作用，将火灾控制在一定范围内，以免使周围临近的电缆受到破坏。

（17）当电缆在竖向有若干层排列时，应采用室外耐候型防火板进行层间分隔，防火隔板耐火性能达到 A 级，并具有抗紫外线、抗烟雾等测试报告。

（18）在重要区段，可采用柔性电缆包覆材料进行保护。

（19）膨胀型防火复合板系统，一侧采用镀锌（不锈）钢板敷面，另一侧采用六角形钢丝网加固，对小动物具有一定防护功能，可以避免由于小动物冲撞、咬食等造成的损害。

二、电缆沟防火墙电缆贯穿防火封堵材料清单

防火封堵材料型号规格根据防火封堵节点详图确定，用量以现场施工为准。防火封堵材料清单见表 5-2。

表 5-2　　　　　　　　　　　　　　防火封堵材料清单

材料名称	规格	单位	数量	备注
CS195+ 膨胀型防火复合板	914mm×914mm	张	1.3	
MP+非凝固性防火泥	387g	根	3～7	
CP25WB+ 凝固型防火泥	298mL	支	2～4	
1000NS 防火防水密封胶	298mL	支	2～4	可选，在有防水要求区域替代 CP25 WB+

续表

材料名称	规格	单位	数量	备注
FS195＋ 阻火带	50mm×600mm	根	2～3	
UL－traGS 超级阻火带	50mm	m	2～3	
FD2000 型电缆防火涂料	20kg/桶	kg	2	

第八节　封堵电缆孔洞的新材料

电缆在变配电站的进出，一般均在变配电站的地下电缆层内，它的深度一般在地平面下 50～80cm，如果地下水位较高，在这个层面上，就会有大量的地下水涌入。如果地下电缆层长期积水，使变配电站内的湿度增大，将给电网的安全运行带来隐患。因此，有效解决变配电站地下电缆层的积水问题已成为当务之急。

一、电缆层积水主要原因及水泥固化的弊端

造成地下电缆层积水的主要原因：电缆孔洞渗水、墙面渗水以及集水井渗水。从调查统计的数据中可以看出，电缆孔洞渗漏水的比例达到 95％以上，远大于墙面渗水和集水井渗水的比例。因此，电缆孔洞渗漏水是造成变配电站地下电缆层的主要原因。其中，造成电缆孔洞渗漏水的原因可归纳为如下两个方面。

1. 水泥特性

水泥在硬化过程中，它的体积就有所变化，可能在水泥体内形成裂纹。当裂缝宽度大于 0.03mm，就会发生渗漏水，直至水的高度达到电缆孔洞外面的同一层面。此时，必须抽水后重新进行封堵，造成基层运维单位需要反复申请费用封堵电缆孔洞。

2. 水泥与电缆管道结合面

电缆管道一般为 PVC 材料和铸铁管。在一年四季内温度变化幅度达 50℃的情况下，水泥和 PVC 材料或铸铁管的结合处会慢慢产生缝隙，且越来越大，导致地下水渗入到变配电站的电缆层内。因此，有必要寻找一种新材料来替代水泥封堵电缆孔洞，以便长期有效地解决电缆孔洞渗漏水问题。

二、选择软木作为封堵新材料

变配电站理想的封堵材料应具有以下特点：耐水、耐温度变化、压缩反弹率好、不易燃、环保等。据此，经比较筛选，发现软木是最接近这些要求的材料之一。除阻燃系数外，软木其余各项均能满足要求。软木由许多辐射排列的扁平细胞组成，这种结构使软木皮具有非常好的弹性、密封性、隔热性、隔音性、电绝缘性和耐摩擦性，加上无毒、无味、比重小、手感柔软、不易着火等优点，尚未发现有人造产品可与其媲美，且成本相比水泥材料更加低廉。软木材料的选择分为两种，一种是原生的软木材料加工成品，另一种是把原生软木材料打碎，然后经加工成型。两者之间的价格相差几十倍。因此，选用价格低廉的后者作为电缆孔洞封堵的材料。

第九节　高温超导电缆电力传输新材料

高温超导电缆是 21 世纪电力传输的新材料，高温超导电缆的应用将给电力传输带来革命性的变化，目前，我国已掌握高温超导电缆的研制技术。

超导材料的零电阻特性使其成为电流传输的理想导体使用，超导材料作为导体的电力传输电缆被称为超导电缆。低温超导体，应用时需要液氦作为冷却剂，液氦的价格很高，这就使低温超导电缆丧失了工业化应用的可行性，若使用高温超导材料制作超导电缆，就可以在液氮的冷却下无电阻地传送电能，而液氮是很廉价的工业产品。高温超导电缆的出现使超导技术在电力电缆方面的工业应用成为可能。

一、高温超导电缆所使用的导体材料

目前市场上可以得到的用来制造高温超导电缆的材料主要是银包套的铋系高温超导材料，它的超导临界转变温度为 $105\sim110K$，临界工程电流密度为 $8000\sim12000A/cm^2$。世界上最大的生产厂家是美国超导公司，其生产能力和产品技术指标都处于领先地位。我国的北京英纳超导技术有限公司的生产能力和产品技术指标也处于世界前列。当前的多芯带材的市场价格是 $200\sim300$ 美元/$(kA \cdot m)$。

二、高温超导电缆的基本结构

1. 内支撑管

通常为罩有密致金属网的金属波纹管，作为超导带材排绕的基准支撑物，同时用于液氮冷却流通管道。

2. 电缆导体

铋系高温超导带材绕制而成，一般为多层。

3. 热绝缘层

通常由同轴双层金属波纹管套制，两层波纹管间抽真空并嵌有多层防辐射金属箔，其功能是使电缆超导导体与外部环境实现热绝缘，保证超导导体安全运行的低温环境。

4. 电绝缘层

电绝缘层置于热绝缘层外面，因其处于环境温度下，故习惯上被称为常温绝缘超导电缆（或热绝缘超导电缆）。常温绝缘超导电缆的电绝缘层由常规电缆绝缘材料制作，电绝缘层置于热绝缘层里面，在电缆处于运行状态时处于低温环境，故被称为冷绝缘超导电缆。这类电缆的电绝缘层需要用适合于低温环境的电气绝缘材料制造。

5. 电缆屏蔽层和护层

电缆屏蔽层和护层的功能与常规电力电缆类似，即电磁屏蔽层，短路保护及物理、化学、环境防护等常温绝缘超导电缆屏蔽层和护层的材料与常规电缆没有区别，冷绝缘超导电缆的屏蔽层可以用超导材料制作，护层与常规电缆相同。除了上述的主要部分之外，高温超导电缆的结构中还可能包括一些辅助部件，例如电缆导体层间绝缘膜、约束电缆各部分相对位置的包层和调距压条等。

三、高温超导电缆的附件

1. 制冷系统

因为高温超导电缆需要低温的工作环境（一般为液氮温区），所以必须配备相应的制冷系统。电缆的制冷系统通常由制冷机组、液氮泵和液氮储罐等部分组成。

2. 电缆终端

电缆终端是超导电缆和外部其他电气设备之间相互连接的端口，也是电缆冷却介质和制冷设备的连接端口，除类似于常规电缆终端担负电气安全连通的作用之外，还要保证实现温度的过渡终端的结构是与电缆的结构相配套的，常温绝缘超导电缆与冷绝缘超导电缆的终端在结构上是有很大区别的。

四、高温超导电缆的运行损耗

因导体的电阻为零，所以高温超导电缆在运行时基本没有焦耳热（等于电流的平方乘以电阻）产生，这与常规电缆有很大的差异，常规电缆运行时的主要损耗是产生焦耳热所带来的能量损耗，但交流输电时的磁滞损耗（简称交流损耗）及绝缘材料的介质损耗仍然存在。在计算超导电缆的运行损耗时，还必须考虑为其配套的制冷系统所消耗的能量。一般地说，在液氮温区电缆产生 1W 的损耗需要消耗 15W 左右的制冷能量。综合起来考虑，在传输相同容量的电能时，高温超导电缆的运行损耗为常规电缆的 50%～60%。

五、高温超导电缆的分类

（1）按传输电流种类分为直流和交流电缆。

（2）按电气绝缘结构分为常温绝缘电缆与冷绝缘电缆。

（3）按电缆导体结构分为单芯电缆、三芯平行轴电缆和三芯同轴电缆。

第十节　铝合金导体电缆

一、铝合金导体的发展

铜矿资源属于战略物资储备，在全球范围内稀缺程度仅次于石油。在中国，铜的稀缺情况更加突出。根据国家统计局的数据，中国的铜资源储备约为 2600 万 t，每年铜的使用量约为 500 万 t。如果不依靠进口，中国的铜只能使用 5 年。现在中国使用的 70% 的铜都是进口铜，其中 70% 的铜都被电线电缆行业所消耗，因此必须要寻找铜线缆的替代品。

早在 20 世纪 60 年代，我国就开始实行以铝代铜，铝芯电缆大量应用。但在长期的实际应用中发现，由于纯铝的机械强度和柔韧性差，在使用过程中会出现铝线开裂、折断，长期使用中铝线也会脆化，不利于维修，影响长期稳定的运行。不仅仅是在我国，同样的经历也发生在北美及欧洲国家，纯铝线缆在连接方面，由于材质软脆，会出现紧固后过紧或过松，长期运行中连接处容易松动，如果不定期维修，会引发断路、火灾事故。

用作导体的铝合金近年来由于铜价的高速攀升迎来飞速的发展。在国际铝行业协会的铝合金牌号中，用作导体的铝合金主要有 AA1000 系列即纯铝、AA6000 系列导体和 AA8000 系列导体。AA1000 系列导体主要用在高压架空线，AA6000 Al-Mg-Si（铝镁硅合

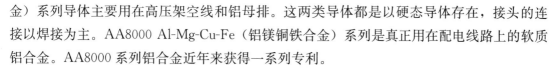

金）系列导体主要用在高压架空线和铝母排。这两类导体都是以硬态导体存在，接头的连接以焊接为主。AA8000 Al-Mg-Cu-Fe（铝镁铜铁合金）系列是真正用在配电线路上的软质铝合金。AA8000 系列铝合金近年来获得一系列专利。

二、铝合金导体的性能

（一）导体材料

铝合金材料在纯铝的基础上添加了铜、铁、镁、硅和稀土元素等多种元素，经过特殊的工艺合成和退火处理等先进工艺，弥补了纯铝电缆的不足，提高了电缆的导电性能、弯曲性能、抗蠕变性能和耐腐蚀性能，保证电缆及时在长时间过载和过热时的连接热稳定性。

（二）电气性能

铝和铜一样，在导电方面是性价比高的金属，根据 GB/T 3956《电缆的导体》，在 20℃时，某一铜导体截面的直流电阻与对应大一个或两个规格的铝（或铝合金）导体直流电阻值相当。因此，可以通过增加截面积的方法，使铝（或铝合金）电缆达到或超过铜电缆的载流量。

新型的铝合金导体在进行挤塑前要进行退火工序的处理，导体经过重结晶和应力恢复处理，使得导电性能相对于纯铝有所提高，性能更加优于纯铝。

（三）机械性能

1. 柔韧性

硬态纯铝的伸长率为 0.5%～2.0%，而铝合金经过退火工序处理后，电缆延伸率提高了 30%，比传统的铜缆具有更强的柔韧性，安装时所需的拉力比铜缆小很多。

2. 弯曲性能

铝合金电缆的最小弯曲半径为 7 倍电缆外径，远远优于 GB/T 12706《额定电压 1kV（U_m＝1.2kV）到 35kV（U_m＝40.5kV）挤包绝缘电力电缆及附件》（所有部分）中规定的 10～20 倍的电缆外径的标准，因而铝合金电缆在安装过程中更易弯曲，减少所需的布局空间，降低事故风险。

3. 抗蠕变能力

铝合金材料中加入的铁元素，经过退火处理后起到强化作用，抗蠕变性能相比纯铝提高了 300%，因而避免了因长期受到机械力的作用而出现连接处松动，引起事故的风险。

4. 连接性能

铜铝连接也是很关键的问题。铝合金电力电缆对于终端的处理，主要依靠以下三个手段：

（1）镀锡。铜排镀锡或铝端子镀锡都是可行的，而且已广泛地应用于电力行业，被证明是安全可靠的。

（2）采用特制的过渡垫片，有效地防止铜铝接触带来的腐蚀。

（3）涂抗氧化剂。抗氧化剂介于铜铝之间，可以有效地防止电解质的进入，从而避免了电化学腐蚀。

（四）耐腐蚀能力

腐蚀分为化学腐蚀和电化学腐蚀，从单纯的金属特性看，铝的抗腐蚀性能优于铜。在空气中形成一层致密的氧化膜，阻止内部金属被进一步腐蚀。而铜不能形成氧化膜保护，受化学腐蚀更严重。

铝合金中加入的稀土元素，平衡了各合金的电位差，而且稀土合金具有较强的还原性，这样在潮湿空气中也具有很强的抗电化学腐蚀性。

（五）阻燃耐火性能

铝合金电缆电线自诞生以来就以其高标准而投入市场，铝合金电缆采用环保型交联聚乙烯材料，使用寿命优于传统绝缘，加入的阻燃剂全世界只有 3 家企业可以使用，安全性能更加优异，能达到低烟无卤阻燃最高级要求，铝合金电缆在燃烧时的透光率极高，达到99%，只产生很微量的烟雾，大大减少了对人体及仪器设备的损害，在火灾中可以保证更长时间的正常供电，为人员逃生及安全工作提供了更长时间。

（六）自锁式铝合金带连锁铠装结构

使用先进的铝合金带连锁铠装来代替传统钢带铠装优势明显，质量更轻；弯曲柔韧性更好，最小弯曲半径可以达到 7 倍电缆外径；抗侧压力更强，是钢带铠装的 3 倍；耐腐蚀性能好；阻燃耐火性能优秀。

铝合金电缆的紧压系数可以达到93%，而铜缆一般为80%～90%，因此铝合金电缆在少量增加外径的前提下，完全可以代替铜缆使用。而且由于铝材的价格更低，从采购成本方面，用铝合金电缆电线，代替铜线缆可以节省 20%～30%的直接采购成本，在安装方面铝合金电缆施工更加轻便，节省人力及时间，也可以节省一部分安装成本，为项目减少资金投入。

在船用电缆、车用电线电缆方面，铝合金电缆优异的耐腐蚀性能、阻燃耐火性能可以发挥更重要的作用，而且相同使用条件下的铝合金电缆电线的质量仅为铜线缆的一半，在移动设施的减重方面可以起到很大作用。减重后的移动设施在加速、制动、转向、长期运行时间方面的性能都会更加优秀。现在日本丰田汽车已经开始大批量将铝合金电线投入汽车制造当中，用来代替传统汽车线，并显示出了很好的效果。

三、铝合金电缆优势

铝合金电缆与铜电缆相比较，具有以下优势：

1. 性能优势

铝合金电缆的延伸率超过铜电缆，可达 35%；导体的抗疲劳性比铜电缆提高了 50%，反弹性比铜电缆小 40%。这些优异性能，让稀土铝合金电缆在市场完全可以替代价格昂贵的铜电缆。

2. 成本优势

铜和铝都是电的优良导体，但铝的价格比铜低，这使得主要以铝为原料的铝合金电缆，采购价格比铜电缆低很多。加上铝的比重只有铜的1/3，在达到相同载流量的情况下，铝合金电缆的质量只有铜电缆的1/2。质量轻、易弯曲、铠装抗压能力强的特点，使铝合金电缆在明敷时可免穿管，安装时可节省桥架等材料，又可大量节省人工成本。因此，铝合金电缆的综合使用成本，比铜电缆低 30% 以上。

3. 安全优势

铝合金电缆，低烟无卤阻燃耐火，绝缘层及护套材料中不含卤素，添加了特有阻燃剂。在试验中，电缆被近千度乙炔气体火焰燃烧近 10min，不延燃，不滴落，无烟雾，在火灾中不会对人体产生危害。去除护套表面燃烧后的炭化层，护套下的隔离层完好无损，用手触摸隔离层和导体，不烫手。这表明电缆在燃烧时，仍可保持电力供应，确保了火灾逃生时的照明需要。

4. 资源优势

在我国推广铝合金电缆，可为国家节省大量铜资源，同时可以化解国内过剩的电解铝产能，对于我国创建节约型社会大有裨益。

5. 环保优势

铝合金电缆的生产过程使用天然气，无排放、无污染、绿色环保。因此，铝合金电缆产业的发展，符合国家产业结构调整方向。

四、铝合金电缆各生产环节的工艺说明

1. 拉丝退火工序

取由检验合格的原材料 $\phi 9.5$ 铝合金杆，大拉丝机拉制成相应规格单丝，单丝表面应光洁、无油污、无损伤、无毛刺。

2. 导体绞制工序

取由检验合格的单丝，由绞线机绞制而成，导体表面光洁、无油污、无损伤屏蔽及绝缘的毛刺、锐边，无凸起或断裂的单线。

3. 内屏绝缘外屏挤出工序

内屏蔽层、绝缘层、外屏蔽层采用三层共挤的方式一次性挤出，线芯表面平整，无疙瘩，断面无气孔。各截面绝缘标称厚度见 GB/T 31840《额定电压 1kV（$U_m=1.2kV$）到 35kV（$U_m=40.5kV$）铝合金芯挤包绝缘电力电缆》（所有部分），绝缘最小厚度不小于标称厚度的 90% 减去 0.1mm。

4. 铜带绕包

在线芯经过质量检验合格后，转入铜带屏蔽工序单层重叠绕包铜带，重叠率应符合要求，铜带不能有褶皱，表面不能有油污等，经局部放电及耐压试验检测合格后流转下一道工序。

5. 成缆工序

电缆成缆的填充材料采用符合要求的相应材料，紧密无空隙，成缆后缆身外形圆整，缆芯外采用相应要求的包带轧紧，电缆外形圆整。

6. 隔离套挤出

隔离套厚度符合工艺和表面光洁、圆整。

7. 内衬工序

根据相对应的工艺，进行挤包或者绕包内衬层，其质量应符合规定要求。

8. 铠装工序

铠装采用双层钢带，间隙绕包两层，外层钢带的中间大致在内层钢带间隙上方，包带间隙不大于钢带宽度的 50%，钢带表面不得有褶皱及油污等不良现象。

9. 外护套工序

护套采用相应要求的护套料，表面光洁、圆整、其标称厚度和性能应符合 GB/T 31840《额定电压 1kV（$U_m=1.2kV$）到 35kV（$U_m=40.5kV$）铝合金芯挤包绝缘电力电缆》（所有部分）的规定，对于非铠装电缆任一点最小厚度不小于标称值的 85% 减去 0.1mm；对于铠装电缆任一点最小厚度不小于标称值的 80% 减去 0.2mm。外护套表面紧密，其横断面无肉眼可见的砂眼、杂质和气泡以及未塑化好和焦化等现象。

参 考 文 献

[1]　史传卿. 供用电工人技能手册　电力电缆. 北京：中国电力出版社，2004.

[2]　史传卿. 电力电缆安装运行技术问答. 北京：中国电力出版社，2002.

[3]　韩伯锋. 电力电缆试验及检测技术. 北京：中国电力出版社，2007.

[4]　史传卿. 供用电工人职业技能培训教材　电力电缆. 北京：中国电力出版社，2005.

[5]　姜芸. 输电电缆. 北京：中国电力出版社，2010.

[6]　张东斐. 配电电缆. 北京：中国电力出版社，2010.

[7]　朱启林，李仁义，徐丙垠. 电力电缆故障测试方法与案例分析. 北京：机械工业出版社，2008.

[8]　张淑琴. 110kV 及以下电力电缆常用附件安装实用手册. 北京：中国水利水电出版社，2014.

[9]　陈天翔，王寅仲. 电气试验. 北京：中国电力出版社，2005.

[10]　王伟，李云财，马文月，文武. 交联聚乙烯绝缘电力电缆技术基础. 西安：西北工业大学出版社，2005.

[11]　李宗廷，王佩龙，赵光庭，刘进国. 电力电缆施工手册. 北京：中国电力出版社，2001.

[12]　邱昌容. 电线与电缆. 西安：西安交通大学出版社，2007.

[13]　陈家斌. 电缆图表手册. 北京：中国水利水电出版社，2004.

[14]　李国正. 电力电缆线路设计施工手册. 北京：中国电力出版社，2007.

[15]　李宗廷. 电力电缆施工. 北京：中国电力出版社，1999.

[16]　韩伯锋. 电力电缆试验及检测技术. 北京：中国电力出版社，2007.

[17]　游智敏，李海. 上海电力隧道及运行管理. 上海：全国第八次电缆运行经验交流会，2008.

[18]　全国电气信息结构文件编制和图形符号标准化技术委员会，中国标准出版社. 电气简图用图形符号国家标准汇编. 北京：中国标准出版社，2009.

[19]　卓金玉. 电力电缆设计原理. 北京：机械工业出版社，1999.

[20]　于景丰. 电力电缆实用新技术：施工安装　运行维护　故障诊断. 北京：中国水利水电出版社，2014.

[21]　胡文堂. 电力设备预防性试验技术丛书. 第 6 分册，电线电缆. 北京：中国电力出版社，2003.

[22]　国家电网公司运维检修部. 输电电缆六防工作手册　附属设备异常. 北京：中国电力出版社，2017.